GUOJIU MIJIU
SHENGCHAN

果酒米酒生产

曾洁　郑华艳　主编

赵磊　张巍　副主编

U0261441

 化学工业出版社

·北京·

图书在版编目（CIP）数据

果酒米酒生产/曾洁，郑华艳主编. —北京：化学
工业出版社，2014.4（2023.5 重印）
ISBN 978-7-122-19813-6

Ⅰ.①果… Ⅱ.①曾…②郑… Ⅲ.①果酒-酿酒
Ⅳ.①TS262.7

中国版本图书馆 CIP 数据核字（2014）第 029377 号

责任编辑：彭爱铭　　　　　　　　　文字编辑：赵爱萍
责任校对：顾淑云　王　静　　　　　装帧设计：史利平

出版发行：化学工业出版社
　　　　　（北京市东城区青年湖南街 13 号　邮政编码 100011）
印　　装：北京机工印刷厂有限公司
850mm×1168mm　1/32　印张 7½　字数 207 千字
2023 年 5 月北京第 1 版第 12 次印刷

购书咨询：010-64518888　　　　　售后服务：010-64518899
网　　址：http://www.cip.com.cn
凡购买本书，如有缺损质量问题，本社销售中心负责调换。

定　　价：29.00 元

前言

　　果酒的生产，是以新鲜水果为原料，利用自然界或人工添加的酵母菌来分解糖分，产生乙醇及其他副产物。伴随着乙醇和副产物的产生，果酒内部发生一系列复杂的生物化学反应，最终赋予果酒独特的风味及色泽。从技术上讲，只要含糖的果实都能发酵成相应的风味独特的果酒。黄酒又叫米酒，又称作糯米酒、甜酒，是我国的特产之一，是以大米和黍米为原料，经过蒸煮、冷却、接种、发酵以及压榨而酿成的酒，它是我国也是全世界最古老的酒精饮料之一，是我们祖先最早酿制的酒种，几千年来一直受到人们的青睐。各地品种浓淡不一，含酒精量多在 $10\% \sim 20\%$，属一种低度酒，口味香甜醇美，含酒精量极少，因此深受人们喜爱。黄酒含有十多种氨基酸，其中有 8种是人体不能合成而又必需的。每升黄酒中赖氨酸的含量比葡萄酒和啤酒要高出数倍，为世界上其他营养酒类中所罕见的，因此人们称其为"液体蛋糕"。随着经济的发展，开发和利用各种果酒和黄酒已成为必然的趋势，发展前景十分乐观。

　　本书系统介绍了果酒和黄酒生产最新实用技术，并把果酒和黄酒生产工艺和基础知识有机地融合在一起。在讲述果酒和黄酒酿造基础理论的基础上，详细阐述了各种果酒和黄酒的生产工艺、生产设备、生产质量控制、感官评价等内容。在编写过程中结合了科研实践与经验，将传统工艺与现代酿造技术相结合，内容全面具体，条理清楚，通俗易懂，是一本可操作性很强的果酒、黄酒生产实用技术参考书。可供从事果酒、黄酒开发的科研技术人员、企业管理人员和生产人员学习参考使用，也可作为大中专院校食品科学、发酵与酿造、生物工程、农产品贮藏与加工、食品质量与安全等相关专业的实践教学参考用书。

    本书由河南科技学院曾洁和吉林农业科技学院郑华艳任主编,北京工商大学食品学院赵磊、齐齐哈尔工程学院张巍任副主编。其中曾洁负责第一章的编写工作,参与第二章编写工作,并负责全书内容设计及统稿工作;郑华艳负责第三章和第五章的编写工作,参与第四章编写工作;赵磊负责第二章和第六章的编写工作,并参与第一章编写工作;张巍负责第四章的编写工作,参与第三章和第五章编写工作。同时东北农业大学刘骞老师、内蒙古大学旭日花老师、北京工商大学刘国荣老师、吉林农业科技学院王淑玲老师、河南科技学院牛生洋老师参与了部分资料查阅和文字整理编写工作。

    在编写过程中吸纳了相关书籍之所长,并参考了大量资料文献,在此对原作者表示感谢,同时得到化学工业出版社的大力帮助和支持,在此致以最真挚的谢意。由于笔者水平有限,不当之处在所难免,希望读者批评指正。

编者
2013 年 12 月

目录

第一章

果酒和黄酒概述

第一节　果酒概述与分类

一、果酒概述

果酒是以新鲜水果或果汁为原料，采用全部或部分发酵酿制而成的，酒度在体积分数 $7\%\sim18\%$ 的各种低度饮料酒。若再经过蒸馏即可得到水果蒸馏酒。

在果酒中，葡萄酒是世界性产品，其产量、消费量和贸易量均居酒类的第一位。其次是苹果酒，在英国、法国、瑞士等国家较为普遍，美国和中国也有酿造。此外，还有柑橘酒、枣酒、梨酒、杨梅酒、柿酒、桃酒、杏酒、山楂酒、草莓酒、石榴酒、猕猴桃酒、沙棘酒、樱桃酒、哈密瓜酒、西瓜酒、枇杷酒、橄榄酒等。其中，我国苹果、梨的产量占世界首位，约占世界总产量的 40% 等，它们在原料选择上要求并不严格，也无专门用的酿造品种，只要含糖量高，果肉致密，香气浓郁，出汁率高的果品都可以用来酿酒。

果酒的酒度（°）以果酒中乙醇的体积分数计，例如某葡萄酒的酒度为 12%（即 $12°$），含义为在 100mL 温度 $20℃$ 的葡萄酒中含有 12mL 纯乙醇。由于水果中含有大量的糖类物质、有机酸、维生素、矿物质等营养成分，所以利用水果酿造果酒可以满足不同口味、不同爱好的消费者的需求，其市场前景是可以预期的。此外，果酒还可以作为鸡尾酒的调配基酒。配制果酒，不单是以水果为基本原料，某些植物的果、花、叶、茎都可用来酿制各种各样的果酒。有的取其优良的色、香、味；有的单取其香，有的单取其味，有的甚至单取其疗效成分。但就其数量和质量而言，酿制果酒仍以各种各样的水果为最佳。

二、果酒分类

果酒的分类方式很多，如按原料种类分类、按色泽分类、按含糖量分类、按饮用习惯分类、按二氧化碳含量分类、按酿造方法分类、按包装容器分类等。果酒一般以所用的原料来命名，如葡萄酒、苹果酒、梨酒、猕猴桃酒、枣酒、荔枝酒、山楂酒、草莓酒、橘子酒、番茄酒等。分类方法一般有三种。

1. 依酿制方法分类

（1）发酵酒　用果浆或果汁经乙醇发酵而酿制成的果酒均属发酵酒。

（2）蒸馏酒　水果发酵后，再经蒸馏所得的酒为蒸馏酒，如白兰地、水果白酒等。

（3）露酒　用果实、果汁或果皮加入乙醇浸泡取其清液，再加入糖和其他配料调配而成的果酒称为露酒，也称配制酒。

（4）汽酒　含有二氧化碳的果酒属此类。

2. 依果酒中含糖量分类

（1）干酒　含糖 0.4g/100mL 以下。

（2）半干酒　含糖 0.4～1.2g/100mL。

（3）半甜酒　含糖 1.2～5g/100mL。

（4）甜酒　含糖 5g/100mL 以上。

3. 依果酒中所含乙醇含量分类

（1）低度果酒　酒度 17°以下。

（2）高度果酒　酒度 18°以上。

第二节　黄酒的概述与分类

一、黄酒概述

我国的黄酒，也称为米酒（Rice wine），属于酿造酒，在世界三大酿造酒（黄酒、葡萄酒和啤酒）中占有重要的一席。酿酒技术独树一帜，成为东方酿造界的典型代表和楷模。

黄酒是用谷物作原料，用麦曲或小曲做糖化发酵剂制成的酿造酒。在历史上，黄酒的生产原料在北方为粟（学名：Setaria italica，在古代，是秫、粱、稷、黍的总称，有时也称为粱，现在也称为谷子，去除壳后的叫小米）；在南方，普遍用稻米（糯米为最佳原料）为原料酿造黄酒。从宋代开始，政治、文化、经济中心的南移，黄酒的生产局限于南方数省，南宋时期，烧酒开始生产，元朝开始在北方得到普及，北方的黄酒生产逐渐萎缩，南方人饮烧酒者不如北方普遍，在南方，黄酒生产得以保留，在清朝时期，南方绍兴一带的黄酒称雄国内外。目前黄酒生产主要集中于浙江、江苏、上海、福建、江西和广东、安徽等地，山东、陕西、大连等地也有少量生产。

黄酒，酒度一般为15°左右。

黄酒，顾名思义是黄颜色的酒。所以有的人将黄酒这一名称翻译成"Yellow wine"。其实这并不恰当。黄酒的颜色并不总是黄色的，在古代，酒的过滤技术并不成熟之时，酒是呈混浊状态的，当时称为"白酒"或浊酒。黄酒的颜色就是在现在也有黑色的、红色的，所以不能光从字面上来理解。黄酒的实质应是谷物酿成的，因可以用"米"代表谷物粮食，故称为"米酒"也是较为恰当的。现在通行用"Rice wine"表示黄酒。

在当代黄酒是谷物酿造酒的统称，以粮食为原料的酿造酒（不包括蒸馏的烧酒），都可归于黄酒类。黄酒虽作为谷物酿造酒的统称，但民间有些地区对本地酿造、且局限于本地销售的酒仍保留了一些传统的称谓，如江西的水酒、陕西的稠酒、西藏的青稞酒，如硬要说它们是黄酒，当地人也不一定能接受。

"黄酒"，在明代可能是专门指酿造时间较长、颜色较深的米酒，以与"白酒"相区别，明代的"白酒"并不是现在的蒸馏烧酒，如明代有"三白酒"，是用白米、白曲和白水酿造而成的、酿造时间较短的酒，酒色混浊，呈白色。酒的黄色（或棕黄色等深色）的形成，主要是在煮酒或贮藏过程中，酒中的糖分与氨基酸形成美拉德反应，产生色素。也有的是加入焦糖制成的色素（称糖色）加深其颜色。在明代戴羲所编辑的《养余月令》卷十一中则有："凡黄酒白酒，少入烧酒，则经宿不酸"。从这一提法可明显看出黄酒、白酒和烧酒之间的区别，黄酒是指酿造时间较长的老酒，白酒则是指酿造时间较短的米酒（一般用白曲，即米曲作糖化发酵剂）。在明代，黄酒这一名称的专一性还不是很严格，虽然不能包含所有的谷物酿造酒，但起码南方各地酿酒规模较大的，在酿造过程中经过加色处理的酒都可以包括进去。到了清代，各地的酿造酒的生产虽然保存，但绍兴的老酒、加饭酒风靡全国，这种行销全国的酒，质量高，颜色一般是较深的，可能与"黄酒"这一名称的最终确立有一定的关系。因为清朝皇帝对绍兴酒有特殊的爱好。清代时已有所谓"禁烧酒而不禁黄酒"的说法。到了民国时期，黄酒作为谷物酿造酒的统称已基本确定下来。黄酒归属于土酒类（国产酒称为土酒，以示与舶来品的洋酒相对应）。

黄酒的制法及风味与世界上其他酿造酒有明显不同，其特点可归纳如下。

（1）黄酒是以大米或黍米、小麦、玉米等为主要原料，经蒸煮、糖化、发酵以及压榨而酿成的酒。

（2）酿造黄酒时配用的不同种类的麦曲、小曲和米曲给黄酒带来鲜味、苦味及曲香味。它是由多菌种混合培养的霉菌、酵母菌和细菌等共同作用酿成的，形成了丰富和复杂的黄酒香味成分。

（3）绍兴酒和仿绍兴酒在酿造过程中，淀粉糖化和酒精发酵同时进行，发酵醪的浓度较高，经直接酿造后，酒精含量可达 15%～20%（体积分数）。

（4）甜黄酒在酿造过程中，多采用先培菌糖化后发酵的生产工艺，这样可积累较高浓度的糖分，再加入糟烧或清香型的小曲白酒以提高酒精含量。

（5）为了防止发酵醪在高温下酸败，并保持其特有的色、香、味，酿造黄酒须在低温条件下进行长时间的发酵。

（6）将生酒灭菌后，用坛装或瓶装并密封，再经适当时期的贮藏，即变为香气芬芳的醇厚老酒。

二、黄酒分类

黄酒品种繁多，命名分类缺乏统一标准，有以酿酒原料命名的，有以产地或生产方法命名的，也有以酒的颜色或酒的风格特点命名的。为了便于管理、评比，目前常以生产方法和成品酒的含糖量高低进行粗略的分类。

1. 按生产方法分类

此类黄酒又称为老工艺黄酒。它是用传统的酿造方法生产的，其主要特点是以酒药、麦曲或米曲、红曲及淋饭酒母为糖化发酵剂，进行自然的、多菌种的混合发酵生产而成，发酵周期较长。根据具体操作不同，又可分为淋饭酒、摊饭酒、喂饭酒。

（1）淋饭酒　米饭蒸熟后，用冷水淋浇，急速冷却，然后拌入酒药搭窝，进行糖化发酵。用此法生产的酒称为淋饭酒。在传统的绍兴黄酒生产中，也常用这种方法来制备淋饭酒母，大多数甜型黄酒也常用此法生产。

采用淋饭法冷却，速度快，淋后饭粒表面光滑，宜于拌药搭窝及好氧性微生物在饭粒表面生长繁殖，但米饭的有机成分流失较摊饭法多。

（2）摊饭酒　将蒸熟的热饭摊散在晾场上，用空气进行冷却，然后加曲、酒母等进行糖化发酵。此法制成的酒称为摊饭酒。绍兴元红酒、加饭酒是摊饭酒的典型代表，其他地区的仿绍酒、红曲酒也使用摊饭法生产。摊饭酒口味醇厚、风味好、深受饮用者的青睐。

（3）喂饭酒　将酿酒原料分成几批，第一批先做成酒母，然后再分批添加新原料，使发酵继续进行。用此种方法酿成的酒称为喂饭酒。黄酒中采用喂饭法生产的较多，嘉兴黄酒就是一例，日本清酒也是用喂饭法生产的。

由于分批喂饭，使酵母在发酵过程中能不断获得新鲜营养，保持持续旺盛的发酵状态，也有利于发酵温度的控制，增加酒的浓度，减少成品酒的苦味，提高出酒率。

2. 按含糖量分类

黄酒依其含糖量高低进行粗略分类如下。

(1) 糖分含量以葡萄糖计/（g/100mL）小于 1.0 为干型黄酒。

(2) 糖分含量以葡萄糖计/（g/100mL）在 1.0～3.0 为半干型黄酒。

(3) 糖分含量以葡萄糖计/（g/100mL）在 3.0～10.0 为半甜型黄酒。

(4) 糖分含量以葡萄糖计/（g/100mL）在 10.0～20.0 为甜型黄酒。

(5) 糖分含量以葡萄糖计/（g/100mL）大于 20.0 为浓甜型黄酒。

第二章
原辅材料与糖化发酵剂

第一节 原 料

一、果酒原料

发展果酒要从科技入手，树立自主创新意识，准确把握具体水果品种的特点，给果酒产品准确定型、定位，使水果的酿酒品质与经济效益发挥到极致。除传统水果外，还有大量的水果可以利用，如北方盛产的杏、樱桃、李子、石榴、山楂、桑葚等，南方特产荔枝、龙眼、香蕉、杨梅、菠萝、火龙果等均可加工成具有特色的果酒。不同果实间相互搭配、取长补短，也可以生产出风味独特的果酒。在酿造前，要针对水果原料的特点合理设计产品的类型或风格，制定适宜的生产工艺路线，使各种水果酒的相应特色完美的体现出来。下面进行详细阐述。

1. 葡萄

葡萄在我国栽培广泛，是重要的果树经济作物，在农业经济中占有重要地位。我国是世界上最大的鲜食葡萄生产国，80％以上的葡萄为鲜食葡萄，20％左右为酿酒葡萄。葡萄的品质对酿成的葡萄酒的风味起着决定性的作用。国外对酿酒葡萄的品种十分重视，一些驰名葡萄酒都是用特定的葡萄品种酿造的。目前我国的酿酒葡萄品种，除本土原有的野生葡萄品种外，有很大一部分是由国外引进的。下面介绍几种常见的酿酒葡萄品种。

（1）山葡萄 山葡萄是我国的野生葡萄。山葡萄的适应性很强，它遍布我国境内，用它酿制的葡萄酒在世界上独树一帜。

（2）意斯林 意斯林又名贵人香，原产于意大利，适于我国华北、西北地区栽培。目前在我国西北、华北及山东、河南、江苏等地已有较大面积栽培。意斯林是世界上酿造白葡萄酒的主要品种，也是制汁的好品种。

（3）赤霞珠 赤霞珠属欧亚种，原产法国，1892 年引入我国，是世界上著名的酿造红葡萄酒的优良品种。该品种在烟台地区 9 月中旬成熟，是酿酒晚熟品种，酿制的葡萄酒酒质极佳，成品酒呈红宝石色。

（4）白羽 白羽又名尔卡其杰里，原产于前苏联，在我国华北地区和黄河故道已有大量栽培。该品种在辽宁省兴城地区 4 月下旬开始萌芽，6 月中旬开花，9 月下旬至 10 月上旬果实成熟。白羽比较丰产，果实较耐贮运，酿制的葡萄酒酒质优良、清香幽微、柔和爽口、回味悠长。

（5）北醇 北醇属山欧杂交种，是中国科学院北京植物园用玫瑰香与山葡萄杂交育成的，北京、河北、山东、吉林等地都有栽培。树势强，结实力强，抗寒、抗病性强，适应性较强，一般肥水就能获高产。该品种在北京地区 9 月中旬成熟，为酿酒中晚熟品种，酿制的葡萄酒酒质良好，澄清透明，酒色为红宝石色，柔和爽口，风味醇厚。

（6）公酿 2 号 公酿 2 号属山欧杂交种，是吉林省农业科学院果树研究所用山葡萄与玫瑰香杂交育成的，在东北各省栽培效果较好。树势中等，抗寒力和抗病力均强。酿制的葡萄酒酒质较好，酒色为淡红宝石色，有法国蓝香味，较爽口，回味良好，适于较寒地区发展。

（7）法国蓝 法国蓝属欧亚种，原产于奥地利，在我国黑龙江、吉林、河北、山东、河南、陕西等省都有栽培。产果实能力强，丰产；果枝率为 49.8%，平均每个果枝着生 1.8 个果穗；8 月下旬成熟，属中熟酿酒品种。酿制的葡萄酒酒质优良，呈红宝石色，酒香味佳，回味悠长。

（8）白雅 白雅属欧亚种，原产于前苏联，1956 年引入我国，主要在河南、河北、山东、山西、辽宁等省栽培。果皮薄，呈黄绿色或白黄色，果面有明显的黑斑点；果肉多汁，味酸甜，含糖 13.4%，含酸 0.69%，出汁率为 76%～80%。酿制的葡萄酒酒质好，有浓烈的香味，清爽利口，回味悠长。

（9）佳利酿 佳利酿属欧亚种，原产于西班牙，在我国华北、西北及黄河故道地区已有栽培。树势强，果穗呈圆锥形，果粒着生较紧密，平均穗重 340g。果粒为椭圆形，平均粒重 27g，果皮厚，呈黑紫色；果肉多汁、透明、味甜，含糖 18%～20%，含酸 1.0%～1.4%，出汁率为 85%～88%。酿制的葡萄酒酒质优良，呈红宝石色，酒味正，香气浓烈。

（10）龙蛇珠 龙蛇珠属欧亚种，是世界上酿制红葡萄酒的名贵品种，原产于法国，与赤露珠、品丽珠为姊妹系，1892 年由法国引入我国山东省。树势强，芽眼萌发率高；幼树结果较晚，产量中等；果实含糖 15%～19.2%，含酸 0.59%，出汁率为 75.5%。酿制的葡萄酒酒质优良，为红宝石色，柔和、爽口。

（11）黑比诺 黑比诺又名黑美酿，是法国品种，为勃艮第（Bourgogne）地区酒的主要原料，属中熟品种，生长期为 140～150天，在北京地区 9 月中下旬成熟。它的果穗呈圆柱形，平均穗重为150g，果粒小，排列很紧密，呈紫黑色，含糖量在 18% 以上，高的可达 24%，含酸 0.6%～0.7%，出汁率在 75% 以上。用晚采的果实酿制葡萄酒，酒质更好。张裕公司引进的大宛香为白色比诺、李将军为灰色比诺，均属于优良的酿酒品种。

（12）雷司令 雷司令原产于德国莱茵河流域，20 世纪初张裕公司自欧洲引进，现在北京、辽宁兴城均有栽培，属中熟品种，生长期为 144 天。在烟台地区 8 月下旬成熟，产量中等。果穗呈圆锥形，平均穗重 200g；果粒为黄绿色，果皮薄，含糖约 21%，含酸约 0.5g/100mL，出汁率为 70%～75%。

2. 苹果

苹果是我国的主产水果，产量稳居世界第一。

一般制作苹果酒的果实一定要充分成熟、健康无腐烂，晚采摘以增加果实含糖量，风味色泽及酒质更佳。因产量原因，用于酿酒的苹果品种以富士为主。鲜果酿酒时既适合做静酒，也适合做起泡酒。做静酒时，半干型酒口感优于干型；酿造起泡苹果酒时不宜做成干型。浓缩苹果汁既可以与新鲜苹果配合使用酿酒，也可以单独酿酒；既可以做静酒，也可以做起泡酒。浓缩汁中绝大多数的苹果风味物质已经挥发，单独酿酒时在发酵成酒以后，多添加食用香精或色素，制成特色苹果酒。我国水果资源众多，将风味近中性的浓缩汁与特色水果混合使用，也会酿出品质优异的复合苹果酒。

3. 梨

梨是我国主产水果，目前我国梨树的栽培面积和产量均居世界各国之首，年产 900 万吨以上，有数十个品种，适宜加工成果汁、果酒。产量最多的省是河北、山东、辽宁、江苏、四川、云南等。

梨的品种不同，但均具有清快、幽雅的果香，脆嫩多汁，口感舒爽，宜选作低度、半干型或甜型酒；单独或与苹果混合使用酿造低度起泡酒。与苹果相比，梨汁在酿造酒过程中极易氧化，酒一旦被氧化，补救非常困难，故在酿酒过程中应注意采取适宜的防止氧化措施。

4. 柿子

柿子属柿树科，柿树属植物。柿树是我国主要的栽培果树之一。其分布地域辽阔，资源丰富，以北纬 40 度线为分布北限，我国的黄河流域以及以南的广大地区，遍及 20 多个省市均有分布。柿子的营养价值很高，富含维生素 C，还含有大量黄酮类化合物、单宁等酚类物质。

5. 山楂

山楂别名山里红，果实近球形或梨形，直径 1～2.5cm，熟后深红色，表面有浅色斑点，小核 3～5 颗，花期 5～6 月，果期 7～10 月。果实中有多种营养成分，是深受人们喜爱的保健食品。分布在黑龙江、吉林、辽宁、内蒙古、河南、河北、山东、山西、陕西、江苏等省区，资源比较丰富。

6. 猕猴桃

猕猴桃又名藤梨、阳桃、茅梨、奇异果、猕猴梨，属于猕猴桃科。果实大多在 9～10 月份成熟，果肉呈翠绿色，甜酸适口，清爽宜人。

7. 樱桃

樱桃又有"含桃"的别称，属于蔷薇科落叶乔木果树，它不仅名称很美，形态更佳。樱桃"先百果而熟"，有早春第一果的美誉。

樱桃果实出汁率高，一般中国樱桃出汁率可达 55％以上，某些西洋樱桃出汁率甚至高达 70％～76％，其核比葡萄大，含核率 5％左右。果汁含糖 6％～10％，含酸 0.8％左右，具有特殊的樱桃芳香，适于酿造发酵酒。

8. 蟠桃

蟠桃肉含有丰富的果糖、葡萄糖、有机酸、挥发油、蛋白质、胡萝卜素、维生素 C、钙、铁、镁、钾、粗纤维等成分。当前桃子种植面积较大，产量丰富，而桃子加工产品多见于糖水罐头。全汁酿造的桃子果酒产品在市场却很少见，因此，除了要加强对桃子贮藏保鲜的研究外，还必须重视采后及时加工处理。特别是利用桃子酿造果酒，既可利用资源优势，节约酿酒用粮，又减少了大量桃子因未能及时消化而造成的损失。

9. 青梅

青梅又称果梅，属于蔷薇科果树之一，原产我国，是我国亚热带特产水果。青梅是一种药食两用资源，具有多种保健功能。

10. 树莓

树莓又称木莓，是蔷薇科悬钩子属植物，其种类有红树莓、黑树莓、黄树莓和紫树莓。其含可溶性固形物 12.6％，糖 10.8％，维生素 C 58.8μg/100g，维生素 E 95.6μg/g，蛋白质 3.85mg/100g，果实出汁率 82％。

11. 草莓

草莓是一种适应性较强的多年生草本植物，生长周期短，果实形状似鸡心、红色、皮薄、含汁高、香甜可口。

12. 黑加仑

黑加仑也称黑豆果，学名黑穗醋栗，属于虎耳草目茶藨薸科，在欧美各国寒冷地区早已人工栽培，并有很多品种，为浆果类重要果树之一，可食用，是一种生长在我国北方寒冷地带的多年生小灌木。

13. 菠萝

菠萝亦俗称凤梨、王梨、黄梨等，是世界热带、亚热带特产水果之一。菠萝成熟时，其果实含有丰富的有机酸、氨基酸、维生素 C、B 族维生素及 Ca、P 等营养成分，具有很高的营养价值，并且气味芳香，味道清甜，汁液丰富，是酿制果酒的好材料。

14. 柑橘

柑橘属于芸香科的柑橘亚科，为常绿小乔木。我国是柑橘之乡，栽培历史悠久，主产于南方温暖地区。

柑橘包括了柑、橘、橙、柚、柠檬等品种。典型代表有甜橙、红橘、柚子等，香气特点各不同，如香橙主要含有甜橙醛、乙醛、甲酸酯、乙酸酯、丁酸酯等，这些成分能使人产生愉悦的快感，做甜型酒，能较好地反映果品的特色。四川万县曾经生产过中国橙酒，橙香典型突出，口味醇和细腻，特别是橙香的留口完美，曾获 1985 年全国优质酒的称号。

15. 荔枝

荔枝原产于我国，是华南的重要水果。荔枝的保鲜相对较为困难，荔枝酒的开发研制不但可以解决荔枝保鲜困难的难题，还可以提高荔枝附加值。荔枝原汁成分能够满足酵母的营养需要。

16. 火龙果

火龙果为仙人掌科三角柱属或蛇鞭柱属多浆植物，按果皮和果肉颜色可分为红皮白肉、红皮红肉、黄皮白肉 3 类，原产于拉丁美洲的哥斯达黎加和中美洲的危地马拉、巴拿马等地，是当地非常普遍的主要水果。火龙果具有很强的抗热、抗旱、抗病虫害能力，由于栽培容易、结果快、产量高、经济效益高，近年来在我国热带及亚热带地区普遍获得认可并进行大面积种植。

17. 石榴

石榴为石榴科石榴属植物，在 2000 年前由伊朗、阿富汗传进我国，适合在温带、亚热带地区种植。石榴被誉为"天下奇果，九州名果"。在我国的南方与北方均有石榴栽培，其中以安徽、山东、陕西、新疆等地较多。是一种营养价值很高的饮料酒。将石榴加工成石榴酒，很好地保持了原果的风味和特征。

18. 枣

枣又称红枣、中国枣，为鼠李科枣属植物的成熟果实。红枣含有糖类、蛋白质、有机酸、多种维生素及钙、铁等，营养十分丰富。

19. 枸杞

枸杞在植物分类中属茄科，茄族，枸杞亚族，枸杞属。由于枸杞子能够药食两用，因此以枸杞为原料的保健食品种类繁多，枸杞酒就是其中重要的一种。

20. 五味子

五味子为木兰科多年生落叶木质藤本植物的成熟果实，它分为北五味子和南五味子两种。其果实常用作中药，因五味子果实皮肉甘、酸，核中辛、苦，并都具有咸味，故名五味子。

二、黄酒原料

凡是米都能酿酒，其中以糯米最好。目前除糯米外，粳米、籼米也常作为黄酒酿造的主要原料。20 世纪 80 年代培育出的京引 15、祥湖 24、双糯 4 号、早珍糯、香血糯等优质高产糯米品种，为黄酒生产使用糯米原料提供了有利条件。

1. 糯米

糯米分粳糯、籼糯两大类。粳糯的淀粉几乎全部是支链淀粉，籼糯含有 0.2%～4.6% 的直链淀粉。支链淀粉结构疏松，易于蒸煮糊化；直链淀粉结构紧密，蒸煮时需消耗的能量大，吸水多，出饭率高。

选用糯米生产黄酒，除应符合米类的一般要求外，还须尽量选用新鲜糯米。陈糯米精白时易碎，发酵较急，米饭的溶解性差；发酵时所含的脂类物质因氧化或水解转化成异臭味的醛酮化合物；浸米浆水常会带苦而不宜使用。尤其要注意糯米中不得混有杂米，否则会导致浸米吸水、蒸煮糊化不均匀，饭粒返生老化，沉淀生酸，影响酒质，降低酒的出率。

2. 粳米

粳米亩产高于糯米。粳米含有 15％～23％的直链淀粉。直链淀粉含量高的米粒，蒸煮时饭粒显得蓬松干燥，色暗，冷却后变硬，熟饭伸长度大。在蒸煮时要喷淋热水，使米粒充分吸水，糊化彻底，以保证糖化发酵的正常进行。

粳米中直链淀粉含量多少与品种有关，受种子的遗传因子控制，此外，生长时的气候也有影响。

3. 籼米

籼米粒形瘦长，淀粉充实度低，精白时易碎。它所含直链淀粉比例高达 23％～35％。杂交晚籼米可用来酿制黄酒，早、中籼米由于在蒸煮时吸水多，饭粒干燥蓬松，色泽暗，淀粉容易老化，出酒率较低。老化淀粉在发酵时难以糖化，而成为产酸细菌的营养源，使黄酒酒醪升酸，风味变差。

直链淀粉的含量高低直接影响米饭蒸煮的难易程度，我们应尽量选用直链淀粉比例低，支链淀粉比例高的米来生产黄酒。

4. 黑米

黑米，亦称墨米，是我国稻米的珍品，古时常用于宫廷食用，也称之为贡米。

黑米在化学组成方面，除了淀粉、蛋白质等含量与普通大米相接近外，特别富含人体必需的赖氨酸及钙、镁、锌、铁等常量与微量元素。以黑米为原料酿成的酒，营养特别丰富并具有增强人体新陈代谢的作用。

5. 黍米

北方生产黄酒用黍米做原料。黍米俗称大黄米，色泽光亮，颗粒饱满，米粒呈金黄色。黍米以颜色分为黑色、白色、黄色三种，以大粒黑脐的黄色黍米最好，誉为龙眼黍米，它易蒸煮糊化，属糯性品种，适于酿酒。

6. 玉米

近年来，国内有的厂家开始用玉米为原料酿造黄酒，开辟了黄酒的新原料。我国的玉米良种有金皇后、坊杂二号、马牙等。玉米的特点是脂肪含量丰富，主要集中在胚芽，含量达胚芽干物质的 30%～40%，酿酒时会影响糖化发酵及成品酒的风味。必须先除去胚芽。

玉米淀粉贮存在胚乳内，淀粉颗粒呈不规则形状，堆积紧密、坚硬，呈玻璃质状态，直链淀粉占 10%～15%，支链淀粉为 85%～90%，黄色玉米的淀粉含量比白色的高。玉米淀粉糊化温度高，蒸煮糊化较难，生产时要注意粉碎，选择适当的浸泡时间和温度，调整蒸煮压力和时间，防止因蒸煮糊化不透而老化回生，或水分过高，饭粒过烂，不利发酵，引起酸度高、酒度低的异常情况。玉米必须去皮、脱胚，做成玉米糁，才能用于酿酒。玉米所含的蛋白质大多为醇溶性蛋白，这有利于酒的稳定。

第二节　辅　　料

一、葡萄酒生产辅料

1. 糖

制作果酒时酵母将发酵醪中的糖转化为乙醇，为了使生成的乙醇含量接近成品酒标准要求，通常需要对果酒中的糖分进行调整。果汁中的自然含糖量足以使果酒的发酵乙醇含量达到 8%（体积分数），在果汁中加糖是为了使产品乙醇含量更高。

（1）葡萄糖　葡萄糖是大分子糖化合物的基本构造单位。葡萄糖少量存在于水果和蔬菜中，在葡萄和洋葱中含量较多，游离状的葡萄糖在天然食品中并不多，但是它们常常缩合成大分子（比如淀粉）而存在于天然食品中。工业化生产的葡萄糖是将淀粉加酸水解而成，葡萄糖的甜度为 69。

（2）果糖　果糖之所以被称之为果糖，是因为它天然存在于许多水果和浆果中。它在所有天然糖中甜度最高，它也存在于转化糖中。果糖在水中溶解度大，因此不像葡萄糖那么容易结晶。工业化生产果糖，是将淀粉水解成葡萄糖，然后加入异构化酶，使葡萄糖转化成果糖，或者从一种含有旋覆花糖（一种类似于淀粉的碳水化合物）的植物块茎中提取果糖。果糖的甜度为115～150。

(3) 蔗糖 自然界最重要的双糖是蔗糖,它大量存在于甜菜、甘蔗中。从分子构造上看,它由一分子的果糖和一分子葡萄糖脱水缩合而成。游离葡萄糖的醛基和果糖的酮基具有还原性,可参与还原氧化反应。蔗糖分子上葡萄糖醛基与果糖酮基已参加缩合反应而失去还原性,因此蔗糖不属于还原糖。蔗糖的甜度为100。

(4) 转化糖 将蔗糖加酸水解而得到的果糖和葡萄糖的混合物称为转化糖。一分子蔗糖在转化过程中形成一分子 D-葡萄糖和一分子果糖。之所以将它称为转化糖是因为蔗糖在水解反应后,果糖的偏振光方向向左偏转。工业上生产转化糖的方法是将蔗糖加入酸或转化酶同时进行加热。因为转化糖具有保湿不易返砂的特点,所以多用于糖果工业,其次在整个食品工业中的应用范围也相当广泛。自然界中的转化糖存在于蜂蜜中。转化糖的甜度为115。

(5) 一些水果果汁中糖的含量 一些果汁中的总糖含量见表2-1。

表2-1 一些果汁中总糖含量

果汁种类	总糖/(g/L)	果汁种类	总糖/(g/L)
草莓	72	鹅莓(醋栗的一种)	60
苹果	120	梨	105
桃	70	梅子	66
杜松子果(刺柏果)	78	橙	100
黑莓	50	蓝莓	75
葡萄	80	柠檬	10
樱桃(甜)	140	木莓	30

2. 酸

果酒的质量一方面取决于乙醇含量,另一方面取决于酸的含量。为了得到协调而精细的果酒风味,酸度应限制在某一范围。果酒的酸度如达不到要求会使酒的风味平淡,甜佐餐葡萄酒的酸度太低会使人有腻的感觉;果酒的酸度过高则会使人不快,难以下咽。酸度对于果酒发酵的顺利进行和货架寿命也是十分重要的。总之,果酒发酵醪的酸度太低会带来以下弊病:果酒发酵过程中易被微生物污染;果酒不易保存；使游离二氧化硫达不到要求，二氧化硫的添加量比常量大；风味平淡。

在果酒制造中果汁中的酸分为两个部分：果汁中自然存在的酸和在发酵过程中产生的酸。果汁中自然存在的酸有酒石酸、苹果酸、柠檬酸，还有很少一部分的其他酸，如大黄中少量的草酸，蔓越莓、蓝莓中的安息香酸及其他一些水果中极少量的水杨酸。在发酵过程中产生的酸有乳酸、琥珀酸和醋酸。果酒中的酸都是弱酸，但它们之间又有强弱之分，它们的酸度强弱依次为苹果酸、酒石酸、柠檬酸、乳酸。

(1) 苹果酸　苹果酸几乎存在于所有的水果中，且含量很高。水果收获时 90% 的酸是苹果酸，其余的是柠檬酸。果酒加工时果汁中的部分苹果酸在乙醇发酵过程中由乳酸菌转化为乳酸，使酸味有所降低，总酸度可降低 2.4g/L（以苹果酸计）。苹果酸-乳酸发酵与果汁的 pH 值、温度、亚硫酸盐的含量、是否有磷酸盐和氨基酸存在均有关系。苹果酸可赋予果酒新鲜的酸味。

(2) 酒石酸　酒石酸是成熟葡萄中存在的主要有机酸，未成熟葡萄中果酸的含量高于酒石酸。在葡萄酒发酵过程中酒石酸与发酵醪液中的钾离子发生反应，可使葡萄汁的酸度降低 $2\sim3g/L$（以酒石酸计）。发酵过程中产生的酒石酸氢钾，不溶解于乙醇和水，形成有轻微酸味的块状酒石，沉淀于发酵桶的底部。酒石酸对葡萄酒较为重要，对其他果酒并不重要。

(3) 柠檬酸　所有柑橘类果实的酸味来自于柠檬酸，柠檬酸也是唯一能够往葡萄酒中添加（$\leqslant50g/100L$）的用来阻止葡萄酒铁混浊病的添加剂。柠檬酸的酸味明显而刺激，当添加量过度时容易影响果酒的风味。在果汁中柠檬酸是含量排在第二位的酸。

(4) 乳酸　乳酸是一种常见于乳制品中的有机酸，由乳酸菌将乳糖转化而来。正常情况下乳酸并不存在于葡萄和其他水果中，果酒中的乳酸一般来源于苹果酸-乳酸发酵。因为乳酸的酸味柔和，苹果酸-乳酸发酵在果酒陈酿过程中十分重要。

(5) 琥珀酸　琥珀酸也是一种产生于发酵过程中的酸，一般含量很少。它主要由谷氨酸氧化而来，是一种挥发性酸，与酒香的形成有很大关系。它的形成与酵母的种类有关,乙醇发酵完成时它的形成也会终止。在葡萄酒中较为重要,在其他果酒中不太重要。

(6) 醋酸和挥发酸 醋酸是醋的主要成分,学名为乙酸。虽然在烹饪中醋应用得很普遍,但果酒中如存在过量醋酸会使果酒中有一种使人烦躁的醋味。即便如此,所有果酒中都存在少量的醋酸,因其挥发性很强,是果酒挥发酸的主要成分。挥发酸是在发酵过程中由于感染了醋酸菌,醋酸菌将乙醇转化成醋酸和乙酸乙酯形成的。果酒在陈酿时,要尽量避免感染能将乙醇发酵成醋酸的醋酸菌。因醋酸菌好氧,因此陈酿时,将酒桶填满是十分重要的。一般来说,所有的佐餐类果酒都含有一定量的挥发酸,但只要低于某一数值,挥发酸很难被觉察出来。大多数国家规定了挥发酸允许存在的最大值,一般为 1.1~1.5g/L(以醋酸计)。挥发酸的酸度对果酒的香气和风味有很大影响。挥发酸含量很低时,有利于果酒形成好的风味;含量过高时对果酒有败坏作用,而且一旦形成很难除去,因为使用任何化学中和剂,只能中和果酒中的固定酸(苹果酸、酒石酸、柠檬酸等常被称为固定酸)。挥发酸的阈值,根据果酒中存在的香气和风味物质量的多少而改变。在淡爽型干白葡萄酒中,含量为 0.4g/L 就很容易被感知出来;而在丰满的红葡萄酒或热情的甜佐餐酒中,含量高达 0.6g/L 却很难感觉到;尤其在甜佐餐红葡萄酒中常含有高达 1g/L 的挥发酸,以赋予果酒力度,否则此酒会给人过于沉闷的感觉。果酒的阈值大约与干白葡萄酒相当,英国规定果酒的挥发酸低于 1.4g/L(以醋酸计)。实际上挥发酸如果高于 1g/L(以醋酸计)就很难酿造出好的果酒。表 2-2 为部分水果中存在有机酸含量的比较。

3. 水果和发酵醪中常见的多酚类物质

多酚类物质包括一大类化合物,它们都有一个共同特性,那就是含有两个或两个以上羟基(—OH)与芳香环(苯环)直接相连的结构,又被称为类黄酮。它们广泛地存在于植物中,累积在植物的根部、茎部、叶子、花及果上。水果中的多酚类化合物包括花青素类、黄酮类、前花青素、单宁等,它们赋予果酒丰满的酒体,以免使果酒变得枯燥乏味。水果中多酚类物质含量与果品种类、品种和栽培条件

表 2-2 部分水果中存在有机酸含量的比较

水果种类	酒石酸	苹果酸	柠檬酸
葡萄	＋＋＋＋	＋＋＋	＋
苹果		＋＋＋＋	＋ *
草莓		＋＋	＋＋＋＋
蓝莓		＋＋	＋＋＋＋ *
黑莓		＋＋	＋＋＋
木莓	＋＋	＋＋＋＋	
鹅莓	＋＋	＋＋＋	＋＋＋＋
柑橘		＋＋＋	
樱桃	＋＋＋＋	＋＋	
梨		＋＋＋	＋
桃		＋＋＋	＋＋＋
食用大黄		＋＋＋	
杜松子果	＋＋	＋＋＋	＋＋＋＋

注:* 表示品种差异;＋表示低含量,＋＋＋＋表示高含量。

有关,甜涩型果品含有的多酚类物质较鲜食型果品多;生长在低氮土壤环境和不利气候条件下的水果含有的多酚类物质较生长在肥沃土壤环境和适宜气候条件下的水果多。

(1)花青素类 花青素是一类水溶性色素,自然状态的花青素通常与一个或几个单糖结合成苷,称花青苷。糖基结构主要为葡萄糖以及鼠李糖、半乳糖、木糖和阿拉伯糖等,而非糖部分的主要结构为带有许多羟基和甲氧基的2-苯基苯并吡喃环的多酚化合物,称为花色基原。大部分花青苷是由3,5,7-三羟基花色基原盐酸盐衍生而来的,而糖分子常与其C-3处的羟基连接,现在通称花青苷类为花青素。已知的花青素有20种,苹果中主要含有矢车菊色素,葡萄中主要含有天竺葵色素、矢车菊色素、飞燕草色素、芍药色素、牵牛色素和锦葵色素6种。

花青素的颜色稳定性差,易受pH值的影响,它们颜色范围从红到紫到蓝。一般酸性时呈红色且比较稳定,碱性时呈蓝色,中性时呈紫罗兰色。同时对二氧化硫、光和热比较敏感,且放置过久易褪变减少。

(2)黄酮类 黄酮类是植物中含有的最多的多酚类物质,其基本结构为 2-苯基苯并吡喃酮，与花青素相似。它带有羟基，属酸性化合物，又存在吡喃环和羰基等生色基团的基本结构，在自然界是黄色或无色水溶性色素，这类色素中重要的有黄酮、黄酮醇、黄烷酮、黄烷酮醇和异黄烷酮及其衍生物。黄酮类物质具有补充维生素 C 和保护并强化毛细血管、清除自由基、抗氧化、抗衰老的生理作用。研究报告指出黄酮类物质能降低血液中的胆固醇水平、预防心血管疾病和癌症，因此备受关注。

（3）前花青素　前花青素的化学结构与花青素相似，其基本结构为黄烷-3,4-二醇以 4-8,4-6 连接形成的二、三聚体和多聚体。在无机酸中加热能转变成花青素。前花青素与食品的苦、涩味有关，在用甜涩型果酿造的酒中发现其含量高达 2～3g/L。果酒苦味与低聚前花青素（如无色花青素）和表儿茶素四聚物有关，而涩味是前花青素多聚体造成的，它是果酒的重要风味物质。

（4）单宁　单宁存在于许多植物（如柿子、石榴、茶叶、咖啡）中，在未成熟的水果中也含有高浓度的单宁物质。

在幼年葡萄酒中，单宁为 3～4 个黄烷醇分子的聚合物，相对分子质量 500～1500，在陈酿葡萄酒中为 6～10 个黄烷醇分子的聚合物，平均相对分子质量 3000～4000，当聚合单宁分子足够大时会形成沉淀，是红葡萄酒中色素沉淀的主要成分之一。单宁聚合在果酒成熟中能起到澄清作用，单宁含量越高，需要的陈酿时间越长。除此之外，单宁能和多糖、多酚（如花青素）等物质形成缩合单宁，从而失去收敛性，使葡萄酒风味由粗糙变柔和。在果酒的苹果酸-乳酸发酵中，某些单宁的水解产物奎尼酸、莽草酸、咖啡酸和绿原酸可被乳酸菌分解，而产生相对分子质量较低的能挥发的酚类化合物，这被认为是用甜涩型水果酿造果酒具有典型风味的主要原因。果酒成熟过程中单宁含量会下降 40%～50%。

单宁能使胶体蛋白质凝固，在果酒酿造过程中，我们利用单宁这种特性使果酒澄清（明胶-单宁法）。单宁的收敛性涩味使发酵前较为尖酸的果汁，在有一定单宁存在时酸味变得柔和，这也许与味觉细胞的蛋白质受到抑制有关；但过高的单宁含量会导致苦涩味过浓而败坏酒质，这也是葡萄破碎时需要除梗的原因。一些单宁（包括所有含邻苯二酚结构的酚类物质）在多酚氧化酶和氧气的作用下发生氧化、聚合，会形成一种黄棕色的多聚体，这是果酒呈现美丽金色的原因，也是白葡萄酒褐变的原因之一。单宁还具有抗氧化性，因此单宁含量高的果酒对果酒病害有较强抵抗能力，有较长的货架寿命。单宁能螯合铁离子，使之形成不溶性的蓝绿色沉淀物，因此果酒发酵与贮存时切勿使酒液与铁接触。果酒的单宁含量为一般为 $0.3\sim0.6g/L$，但白葡萄酒为 $0.3\sim1g/L$，红葡萄酒为 $1\sim3g/L$。

4. 水果中的果胶物质

果胶物质是由半乳糖醛酸脱水聚合而成的高度亲水多糖类物质，果胶物质有原果胶、果胶和果胶酸几种不同的存在形式。未成熟的水果中果胶类物质以原果胶形式存在，原果胶是可溶性果胶与纤维素缩合而成的高分子物质，不溶于水，具有黏结性，使植物细胞之间黏结并赋予未熟水果较大的硬度。

当果实进入过熟阶段时，果胶在果胶酯酶的作用下脱甲酯变为果胶酸与甲醇。果胶酸不溶于水，无黏结性，相邻细胞间没有了黏结性，组织就变得松软无力，弹性消失。果胶酸在多聚半乳糖醛酸酶的作用下生成短链或单个的半乳糖醛酸，果实变得软烂。果胶物质的主要加工特性如下。

原果胶在酸、碱或酶的作用下可水解成果胶，这种水解在 pH＝5时最慢，在偏酸和碱的条件下水解很快，温度也有一定的影响。果酱和果冻制作时利用此特性通过煮制抽提果胶，工业上利用此特性制取果胶，用酸或碱去皮、去囊衣。

果胶为白色无定形物质，无味，能溶于水成为胶体溶液，不溶于乙醇、硫酸镁和硫酸铵等盐类，在酸、碱和酶的作用下可脱甲酯形成低甲氧基果胶和果胶酸。果汁中果胶可被甲醇和乙醇迅速沉淀下来，这就是果酒在酿造后期出现絮状沉淀的原因之一，我们还利用此特性粗测果汁、果酒中果胶的含量。果胶的甲氧基水解后在果酒制造中会生成甲醇，故含果胶非常丰富的某些原料在制酒时有可能导致甲醇含量过高。

由于果胶酸不溶于水，会使果汁出现澄清现象，有时甚至出现絮状物。因此可以通过添加果胶酶澄清果汁和果酒。有一定量的糖和酸存在时果胶可形成凝胶，这是制作果冻的基本原理。

果汁、发酵醪液、果酒中的果胶物质不能通过过滤除去，因为果胶可以堵塞滤孔，当需要时可添加果胶酶使果胶降解，然后过滤。酿造果酒时，一般无需预先澄清，因为在发酵过程中，果汁中含有少量的果胶物质可被自然存在的酵母产生的果胶酶降解掉，前提条件是果汁没有被加热到超过 70℃。各种鲜果中果胶含量参见表 2-3。

表 2-3　每 100g 鲜果中果胶含量　　　　单位：g

水果名称	果胶含量	水果名称	果胶含量
葡萄	1.00	鹅莓(醋栗的一种)	0.83
苹果	3.18	梨	2.00
草莓	0.56	桃	6.23
蓝莓	1.5	木莓	1.3
黑莓	1.44	樱桃(甜)	0.57

5. 二氧化硫

(1) 二氧化硫在果酒中的作用

① 灭菌作用　二氧化硫可作为发酵桶、酒瓶的消毒剂使用。果酒酵母对于二氧化硫不像野生酵母与杂菌那样敏感，对二氧化硫的忍受性强一些，所以在果汁和原果酒中，加入一定量的二氧化硫，一方面杀死或抑制有害微生物的生长，保护果汁或果酒不被酸败，另一方面能耐受二氧化硫的酵母都能照常生长发酵，酿出更为纯净的果酒。因此，二氧化硫具有净化果汁和控制发酵的作用。研究表明，果汁中添加一定的二氧化硫能有效抑制非发酵性酵母，尤其是能抑制易形成膜醭的酵母和腐败菌，这些微生物如果不加以控制会在发酵过程中产生不良风味。表 2-4 显示了果汁中的典型微生物对二氧化硫的敏感程度。

② 抗氧化作用　在小规模酿酒作坊中，倒酒或其他一些操作容易引起果酒与空气的大量接触，在所有果酒制造中，分子态氧均是值得注意的问题。乙醛既是乙醇发酵过程中的中间产物，也是乙醇氧化产

表 2-4　鲜榨果汁中典型微生物对二氧化硫敏感程度对比

类型	典型种类	对二氧化硫敏感程度
酵母	酿酒酵母	±或-
	葡萄汁酵母	±或-
	路德类酵母	-
	柠檬形克勒克酵母	+++
	美极假丝酵母	++++
	毕赤酵母属	++++
	发酵有孢圆酵母	++
	出芽金黄酵母	+++
	红酵母属	++++
细菌	膜醋酸菌	++
	假单孢菌属	++++
	埃希菌属	++++
	沙门菌属	++++
	微球菌属	+++
	葡萄球菌属	++++
	杆菌属	-（产芽孢）
	梭状芽孢杆菌属	-（产芽孢）

注：-表示对二氧化硫不敏感；±表示对二氧化硫相对敏感；++，+++，++++表示随着加号数递增，对二氧化硫敏感程度逐渐加大。

物之一，如果发酵不完全或陈酿时有大量分子态氧存在都会有乙醛生成。乙醛的存在使佐餐型果酒有一股明显的霉味，少量二氧化硫能和乙醛发生反应生成甘油（丙三醇），改善果酒的风味。甘油是果酒获得好而饱满口感的先决条件，甘油含量感官测定方法是：在酒杯里倒上酒后，旋转酒杯，甘油将粘在杯壁上，停止旋转后，可观察到油状小股顺杯壁流下，常称之为泪滴现象，有经验的酿酒师可通过所呈现的泪滴现象判断甘油含量的多少。如果灌装时，果酒中有微量二氧化硫存在，可使装瓶后果酒保持较低氧化还原电势，从而保证有良好的风味和口感。

③ 澄清作用　根据二氧化硫添加的数量，使发酵开始时延迟一定的时间，同时改变了原来的 pH 值，使原来以胶体状态浮游于果汁中的一些化合物失去电荷，这样果汁就很快得到澄清。

④ 溶解作用　二氧化硫（SO_2）加入果汁发酵醪中后，立刻生

成亚硫酸（H_2SO_3），有利于果皮中所含的一些成分的溶解。因为有些成分在发酵过程中并不全部溶解，例如色素、无机成分、酒石酸等，由于二氧化硫的作用就增加了果汁发酵醪中的不挥发酸的浸出物，使色素溶解，果酒的自然色泽增加，同时又使色泽更加稳定。

⑤ 增酸作用　二氧化硫的添加，增加了酸度，而阻止分解苹果酸与酒石酸的细菌在醪液中发育。并且亚硫酸与苹果酸及酒石酸的钾盐或钙盐作用而变为游离酸，增加了不挥发酸的含量。这对于糖度高而酸不足的果汁发酵更有其特殊的意义。

⑥ 还原作用　二氧化硫具有还原作用，它能阻止发酵果醪中所含强力氧化酶对于单宁及色素的氧化作用（大量氧化酶主要来自腐烂的水果）。对防止果酒的氧化混浊亦有好处。

（2）二氧化硫的副作用　果酒发酵过程中使用的二氧化硫产生了一定程度的硫化氢。当然发酵过程中，任何形式的硫元素都有可能被酵母转化成硫化氢（H_2S），即使在发酵前没有添加二氧化硫，发酵过程中，酵母依靠降解某些氨基酸产生一些二氧化硫，也会引发 H_2S 的形成。发酵过程中 H_2S 的产生与 H_2S 的消失同样快，如果对生成 H_2S 不进行处理，它很快与果酒中的其他化学成分形成更复杂的一类含硫化合物——硫醇，其中的有些一旦生成，要想除去十分困难。硫醇有一种令人不愉快的气味，在 3 种果酒致命缺陷中，含有硫醇是最让人讨厌的一种。

二氧化硫普遍应用于果酒工业，大多数国家将 200mg/L 作为最高允许添加量。值得注意的是国际卫生组织规定每人每日允许摄入量为 0~0.7mg/kg。优良纯酿酒酵母可以忍受 100mg/L 浓度的二氧化硫，因此少量的二氧化硫不会对正常乙醇发酵构成影响，但过量添加二氧化硫将会造成以下不利因素。

① 延迟发酵，小规模酿酒作坊应尽可能使二氧化硫用量降低到最低限度。

② 多余的二氧化硫会产生亚硫酸加成物——硫醇（羟基磺酸盐），强烈损害酒的风味。

③ 抑制苹果酸-乳酸发酵细菌的生长繁殖。

④ 破坏硫胺素（维生素 B_1）。

⑤ 有些人认为添加二氧化硫后大部分自然微生物被抑制，只有人工添加的酵母在起作用，导致产品风味单调，而多样化微生物发酵可产生更丰富的风味特征。

（3）二氧化硫的使用方法 在酿造果酒时有几种添加二氧化硫的方法：使用固体硫黄熏蒸，直接添加亚硫酸盐、液体二氧化硫和二氧化硫水溶液。

① 熏硫法 熏硫法是过去常用于酒桶消毒的一种方法，它把硫黄制成硫黄绳后盘成圆盘状，悬挂在酒桶里点燃；或者将压成正方体的硫黄块，用盘盛装或用金属线悬挂在桶内点燃，产生二氧化硫，以达到阻止醋酸菌繁殖的目的。在熏硫时硫黄有时会因不完全燃烧而掉落在酒桶底部，熏硫后要注意清除。除以上方法外也可用偏重亚硫酸钾（$K_2S_2O_5$）与酸反应产生二氧化硫进行熏蒸。熏硫法须在空气流通环境中进行。现在欧洲某些地方仍在使用这种方法。

② 添加硫化物法 硫化物常用于发酵醪、果酒和各种酿酒工具的防腐、消毒。常用的硫化物是重亚硫酸氢钾和偏重亚硫酸钾。过去也用亚硫酸钠来达到产生二氧化硫的目的，但因果汁中本身不含钠离子，且有研究表明钠离子对酵母有一定毒性，因此一些国家的果酒生产法规规定果酒生产中不得使用亚硫酸钠。使用久存的偏重亚硫酸盐和亚硫酸盐不可靠，因为这些盐类遇到空气中的水分会形成溶液，而这些盐的溶液是碱性的，会因在此条件下的氧化而迅速损失二氧化硫。表 2-5 列出了部分硫化物中有效二氧化硫含量。

表 2-5 硫化物中有效二氧化硫含量 单位：%

试剂名称	纯试剂中二氧化硫	实际使用时计算量
偏重亚硫酸钾（$K_2S_2O_5$）	57.65	50
亚硫酸氢钾（$KHSO_3$）	53.31	45
硫酸氢钾（$KHSO_4$）	33.0	25
偏重亚硫酸钠（$Na_2S_2O_5$）	67.43	64
亚硫酸氢钠（$NaHSO_3$）	61.59	60
亚硫酸钠（$NaSO_3$）	50.84	50

下面就使用量较多的偏重亚硫酸钾加以阐述。影响偏重亚硫酸钾

使用量的因素有果汁种类、果酒类型、倒酒的频率及要求的货架寿命等，当使用硫化物时，要同时添加柠檬酸给硫化物造成酸性环境，使二氧化硫尽快释放出来。除此以外，添加硫化物时，不能以固体形式直接加入酿酒大罐，应先用少量果酒将其溶解，然后倒入发酵罐并开动搅拌设备，充分搅匀。各加工步骤偏重亚硫酸钾添加量见表2-6。

表 2-6 各加工步骤偏重亚硫酸钾添加量

处理步骤	$K_2S_2O_5$	备　　注
消毒软木塞	15～20g/10L 水	加 5g 柠檬酸/10L 水
在灌装前消毒瓶子	20～30g/10L 水	加 5g 柠檬酸/10L 水
消毒酿酒桶	10g/L 水	加 5g 柠檬酸/10L 水
果酒发酵醪	1～1.5g/10L 果汁	—
果酒第一次倒酒时	1～1.5g/10L 果酒	—
果酒第二次或第三次倒酒时	0.75～1g/10L 果酒	—
果酒灌装时	0.3～0.4g/10L 果酒	—
加糖果酒或含有残留糖的果酒灌装时	0.5g/10L 果酒	加工过程中的总添加量 不超过2g/L

③ 其他添加二氧化硫的方法　工业生产时使用二氧化硫方法是直接使用液体二氧化硫或将二氧化硫制备成水溶液（质量分数通常为5%～10%）。二氧化硫水溶液制备方法是将钢瓶中二氧化硫气体通入冷水或用磅秤按质量直接在水中加入液体二氧化硫。用气体二氧化硫制备二氧化硫溶液的方法是把二氧化硫气体通入部分充满水的密闭容器中，气体经不锈钢多孔散气管通入冰水中，多余的气体经管道从容器中排出，并用碱液回收，因为该浓度下二氧化硫对人体有害。用冰水有利于溶解和减少气相中气体浓度，通过相对密度法与滴定法测得浓度。

④ 影响果酒中二氧化硫添加量的因素　二氧化硫的总含量包括游离态与结合态二氧化硫的总和。果酒中因为游离态和结合态的二氧化硫的量在不同条件下变化很大，酿造法规以每升果酒中总含量作为

标准。

欧盟规定各种果酒中二氧化硫允许添加量见表2-7。

表2-7 欧盟规定各种果酒中二氧化硫允许添加量

单位：mg/L

果 酒	果酒中允许总二氧化碳最高含量	欧盟建议果酒中总二氧化碳含量
红葡萄酒	350	200
干白葡萄酒	350	200
含糖5～20g/L的白葡萄酒	350	200
含糖≥20g/L的白葡萄酒	350	250
特种葡萄酒	400	300

表2-8是果酒中游离二氧化硫应达到的水平。

表2-8 果酒中游离态二氧化硫应达到的水平　　单位：mg/L

果酒	果酒中含有游离态二氧化硫的最低水平	饮用果酒时,果酒中含有游离态二氧化硫的正常水平	果酒灌装时,为保证有一定货架期,果酒中应含有游离态二氧化硫的水平
甜白葡萄酒	40	50～60	70～80
干白葡萄酒	12～20	20～30	40
红葡萄酒	5～20	20	20

二氧化硫被加到果酒中后，一部分与果酒中某些成分结合在一起，另一部分呈游离态存在于溶液中。对于制定法规者来说总二氧化硫含量十分重要，对于果酒酿造者来说游离态二氧化硫的含量更加重要，因为游离态二氧化硫能够抑制微生物污染、防止酒变质。游离态二氧化硫的多少与果汁的pH值和果汁中含有能束缚二氧化硫的羧基化合物含量有关。果汁的pH值越高，二氧化硫的游离程度越低；水果的腐烂程度较高，所含的束缚性化合物越多。在这种情况下，要想使野生酵母和细菌得到控制，必须增加总二氧化硫的添加量。

⑤ 加二氧化硫的时间　在发酵的不同阶段，应定期检测果酒中的二氧化硫含量。当然可以随时检测果酒里二氧化硫的含量，但有三个时期必须检测果醪（酒）中的游离态二氧化硫浓度，根据检测数据

对果酒中的二氧化硫进行调整。

a. 第一个时期 刚榨完汁时添加二氧化硫，需要注意的是一定要在过夜后再添加酵母菌种。因为二氧化硫需要时间与野生酵母作用，而且如果与菌种同时添加会抑制菌种的活力。过夜后游离态的二氧化硫大部分消失，对添加入的酵母菌无明显抑制作用，添加活化好的菌种后，发酵将在48h以后启动，在添加二氧化硫2～24h后检测游离的二氧化硫含量。

b. 第二个时期 第二次需要检测果酒发酵醪中二氧化硫的含量应在倒酒后，如果不希望苹果酸-乳酸发酵进行，游离态二氧化硫的含量应保持在30mg/L。这一水平可抑制不需要的微生物生长，它也会纠正倒酒时与氧过多接触带来的问题。

c. 第三个时期 果酒发酵完毕装瓶时，小规模酿酒作坊常用传统办法来判定果酒中所需添加二氧化硫的量，此方法简便易行，但是需要相当的经验。此方法的原理是果酒发酵完成后，果酒中的二氧化硫可以低于空气中氧气的氧化作用。若将果酒充分暴露在空气中，观察它的褐变程度并与未暴露于空气中的果酒颜色进行比较，就可判定出果酒所需添加二氧化硫的量。

6. 酵母营养物

酵母是生物活性细胞，与其他生物一样它也需要营养物质。酿造果酒时果汁中可利用的碳源有葡萄糖、果糖和蔗糖，正常情况下果汁中含有的氮源和矿物质可充分满足酵母新陈代谢需要。如果缺乏营养就有可能使发酵迟缓，甚至产生异常高水平的副产物，如醋酸、丙酮酸、硫化氢和杂醇油等。发酵迟缓的具体表现是糖的发酵速率显著降低，在发酵结束后留下高浓度的残糖（高于体积分数0.2%）或发酵时间过分延长，而氮源（铵离子和游离氨基酸）、维生素缺乏是发酵迟缓最常见原因。另有研究表明，缺乏氨或氨基氮会使酵母细胞转向利用来自于氨基酸的氮源，从而留下较高的副产物——高级醇类；果汁中缺乏泛酸时可生成较高水平的醋酸和甘油；由于硫胺素的缺乏可导致丙酮酸的过度积累。

首先应添加的营养物质是氮源，氮有时被称作"酿造果酒时被遗忘的元素"。理想的氮源应容易并立刻为酵母所利用，并且添加后不会产生不必要的新陈代谢产物。目前认为较好的氮源是铵离子。理论上，几种铵盐都可以满足酵母的氮源需求，但法国酿酒法典和德国葡萄酒法规只允许使用磷酸氢二铵 $[(NH_4)_2HPO_4]$ 作为酵母营养物，它提供的铵离子可以作为氮源，磷酸根离子可参与葡萄糖和果糖转化为乙醇的反应。硫酸铵 $[(NH_4)_2SO_4]$ 和氯化铵也可补充氮源，但效果没有磷酸氢二铵 $[(NH_4)_2HPO_4]$ 好。磷酸氢二铵添加量见表 2-9。

表 2-9　苹果酒中磷酸氢二铵建议添加量

果酒种类	碳酸氢二铵添加量/(g/10L)	果酒种类	碳酸氢二铵添加量/(g/10L)
不加糖用纯苹果汁酿酒	0	最终乙醇含量超过 13%	3
最终乙醇含量超过 10%	1	最终乙醇含量超过 15%	4

另一种酵母营养物是维生素，在丙酮酸转化为乙醇的酶促反应和酵母的生长活动中，它们作为辅酶因子扮演着十分重要的角色。果酒发酵时通常会因缺乏两种维生素带来问题，它们是硫胺素（维生素 B_1，容易被二氧化硫降解）和泛酸（维生素 B_3，泛酸的缺乏通常伴随着发酵过程硫化氢的生成）。

可以从化学试剂供应商那里购得混合好的酵母营养物（一般含有铵盐、甾醇、不饱和脂肪酸、B 族维生素和镁等），也可以分别购买硫胺素、泛酸和铵盐进行添加，果酒中酵母营养物的典型添加量为：氮源，添加 $10\sim100mg/L$，使发酵醪的总氮含量达到 $200mg/L$；硫胺素，$0.2mg/L$；泛酸，$0.2mg/L$。

建议发酵完成后检查果酒中的剩余氮含量，如果含氮量太高可能被其他微生物所利用，下一次添加量应适当减少。

二、黄酒生产辅料

1. 水

酿造黄酒，水极为重要。水在黄酒成品中占 80% 以上，水质好坏直接影响酒的风味和质量；在酿酒过程中，水是物料和酶的溶剂，生化酶促反应都须在水中进行；水中的金属元素和离子是微生物必需的养分和刺激剂，并对调节酒的 pH 值及维持胶体稳定性起着重要作用。生活饮用水与酿造用水的差别见表 2-10。

表 2-10　生活饮用水与酿造用水的差别

项 目	单 位	生活饮用水标准	酿造用水要求	
			理想标准	最高极限
pH 值	—	5.5~8.5	6.8~7.2	6.5~7.8
总硬度	度	<25	2~7	<12
硝酸盐氮	mg/L	<10	<0.2	0.5
细菌总数	个/mL	<100	无	<100
大肠菌群	个/L	<3	无	<3
游离性余氯	mg/L	>0.3	<0.1	<0.3

　　黄酒生产过程中，一般 1×10^3 kg 酒耗水量为 $(10 \sim 20) \times 10^3$ kg，新工艺生产最高耗水达 45×10^3 kg 左右，其中包括酿造水、冷却水、洗涤水、锅炉水等。

　　酿造用水可选择洁净的泉水、湖水和远离城镇的清洁河水或井水，自来水经除氯去铁后也可使用。

　　黄酒生产中，用水目的不同对水质要求也不一样。酿造用水直接参与糖化、发酵等酶促反应，并成为黄酒成品的重要组成部分，故它首先要符合饮用水的标准，其次要从黄酒生产的特殊要求出发，达到以下条件。

　　(1) 感官要求　无色、无味、无臭、清亮透明、无异常。

　　(2) pH 值　中性附近，理想值为 6.8~7.2，极限值为 6.5~7.8。用超过极限值的水直接酿造黄酒，则口味不佳。

　　(3) 硬度　2~6 度为宜酿造用水。保持适量的 Ca^{2+}、Mg^{2+}，能提高酶的稳定性，加快生化反应速度，促进蛋白质变性沉淀。但含量过高有损酒的风味。水的硬度高，使原辅材料中的有机物质和有害物质溶出量增多，黄酒出现苦涩感觉；由于水的硬度太高，会导致水的 pH 值偏向碱性而改变微生物发酵的代谢途径。

(4) 铁含量 ＜0.5mg/L，含铁太高会影响黄酒的色、香、味和胶体稳定性。铁含量＞1mg/L 时，酒会有不愉快的铁腥味，酒色变暗，口味粗糙。亚铁离子氧化后，还会形成红褐色的沉淀，并促使酒中的高、中分子的蛋白质形成氧化混浊。含铁过高不利于酵母的发酵。因此，应重视铁质容器的涂料保护和采用不锈钢材料，尽量避免物料直接与铁接触。

(5) 锰含量 ＜0.1mg/L，水中微量的锰有利于酵母的生长繁殖，但过量却使酒味粗糙带涩，并影响酒体的稳定。

(6) 重金属 对微生物和人体有毒，抑制酶反应，会引起黄酒混浊，故黄酒酿造用水中必须避免重金属的存在。

(7) 有机物含量 表示水被污染的轻重。高锰酸钾耗用量应＜5mg/L。

(8) NH_3、NO_3^-、NO_2^- 氨态氮的存在，表示该水不久前受过严重污染。有机物被水中微生物分解而形成氨态氮。NO_3^- 是致癌物质，能引起酵母功能损害。酿造用水中要求检不出 NH_3、NO_2^-，而 NO_3^- 小于 0.2mg/L。

(9) 硅酸盐（以 SiO_3^{2-} 计） ＜50mg/L，水中硅酸盐含量过多，易形成胶团，妨碍黄酒发酵和过滤，并使酒味粗糙，容易产生混浊。

(10) 水的微生物要求 要求不存在产酸细菌和大肠杆菌群，尤其要防止病菌或病毒侵入，保证水质卫生安全。

2. 小麦

小麦是黄酒生产的重要辅料，主要用来制备麦曲。小麦含有丰富的碳水化合物、蛋白质、适量的无机盐和生长素。小麦片疏松适度，很适宜微生物的生长繁殖，它的皮层还含有丰富的 β-淀粉酶。小麦的碳水化合物中含有 2%～3%的糊精和 2%～4%的蔗糖、葡萄糖和果糖。小麦蛋白质含量比大米高，大多为麸胶蛋白和谷蛋白质，麸胶蛋白的氨基酸中以谷氨酸为最多，它是黄酒鲜味的主要来源。小麦的主要化学组成见表 2-11。

表2-11　小麦的主要化学组成

成分	蛋白质	脂肪	灰分	淀粉	聚戊糖	糖	残留无氮物
干基含量/%	17.7	1.9	2.2	61.3	6.0	3.0	7.9

黄酒麦曲所用小麦，应尽量选用当年收获的红色软质小麦。并有以下要求。

（1）麦粒饱满完整，颗粒均匀，无霉烂，无虫蛀，无农药污染。

（2）干燥，外皮薄，呈淡红色，两端不带褐色。

（3）品种一致，无特殊气味，不含秕粒、尘土和其他杂质，无毒麦混入。因黑麦含毒麦碱可引起中毒，应筛选或漂浮除净。

大麦由于皮厚而硬，粉碎后非常疏松，制曲时，在小麦中混入10%～20%的大麦，能改善曲块的透气性，促进好氧微生物的生长繁殖，有利于提高曲的酶活力。

第三节　果酒酵母

一、性能优良果酒酵母特征

应符合以下特征：①快速启动发酵；②耐低pH值、高糖、高酸、高SO_2；③发酵温度范围宽，低温发酵能力好；④发酵速度平稳，产乙醇率高，耐乙醇能力强，发酵彻底；⑤氮需求低；⑥产挥发酸少，产H_2S少，分泌尿素少，产泡力低；⑦凝聚性强，发酵结束后可使酒快速澄清；⑧产生优雅的酒香；⑨具有良好的降酸能力。

二、果酒酵母的选育与纯种培养

（1）基本条件

① 除水果本身的果香外，酵母能协助产生良好的果香和酒香。

② 发酵彻底，能将糖分充分发酵，发酵结束后，残糖在4g/L以下。

③ 具有较高的抗二氧化硫能力。

④ 凝聚性能强，发酵完毕后，酵母能很快结成块或颗粒状沉于

容器底部，放酒时即使受到轻微振荡也不会浮起。

⑤ 具有较高的乙醇发酵能力，一般可发酵到 12％（体积分数）以上（乙醇含量）。

⑥ 发酵速度快，但不产生剧烈发酵。

⑦ 适应本水果品种上市季节的气温发酵。

（2）常用果酒酵母营养物 在培养果酒酵母时，为了保证酵母生长旺盛，多在培养基中添加部分营养物质。常用的营养物如下。

① 无机氮源 常用的有 $(NH_4)_2HPO_4$、$(NH_4)_2SO_4$。添加在果汁中，以增加果汁的可同化氮量，使用时参考《国际葡萄酒药典》的规定。

② 酵母营养促进剂 含有可同化氮、维生素、酵母皮等，使用时参考产品说明。

③ 维生素 常使用的有维生素 B_1、泛酸等，用量一般不超过 1mg/L。

④ 复配的酵母营养盐，含有多种酵母生长发酵所必需的营养物质，对于那些营养特别匮乏的果实，建议先测定一下果汁的营养成分，如糖、可同化氮含量、维生素、矿物质等，再根据测定结果进行适当调整。

（3）果酒酵母的纯种培养 酒母即扩大培养后加入发酵醪的酵母菌，生产上须经三次扩大后才可加入，分别称一级培养（试管或三角瓶培养）、二级培养、三级培养，最后用酒母桶培养。

① 一级培养 于生产前 10 天左右，选成熟无变质的水果，压榨取汁。装入洁净、干热灭菌过的试管或三角瓶内。试管内装量为1/4，三角瓶则为 1/2。装后在常压下沸水灭菌 1h 或 58kPa 下 30min。冷却后接入培养菌种，摇动果汁使之分散。进行培养，发酵旺盛时即可供下级培养。

② 二级培养 在洁净、干热灭菌的三角瓶内装 1/2 果汁，接入上述培养液，进行培养。

③ 三级培养 选洁净、消毒过的 10L 左右大玻璃瓶，装入发酵栓后加果汁至容积的 70％ 左右。加热灭菌或用亚硫酸灭菌，后者每

升果汁应含二氧化硫 150mL，但需放置一天。瓶口用 70% 乙醇进行消毒，接入二级菌种，用量为 2%，在保温箱内培养，繁殖旺盛后，供扩大使用。

④ 酒母桶培养　将酒母桶用二氧化硫消毒后，装入 12～14°Bx 的果汁，在 28～30℃ 下培养 1～2 天即可作为生产酒母。培养后的酒母即可直接加入发酵液中，用量为 2%～10%。

三、天然酵母

将酵母菌 1450#（代号）接种于用 10°Bx 的麦芽汁和琼脂配制的复合培养基中进行斜面培养，在 28～30℃ 下培养 24h，然后再用 10°Bx 麦芽汁、5% 的蛋白和 10% 的麸皮水配制的复合培养基于 28～30℃ 下培养 18h，再重复一次，培养液作为酒母使用。

（1）果酒酵母的来源

① 天然果酒酵母　水果成熟时，在果皮、果梗上都有大量的酵母存在，因此冰果破碎后，酵母就会很快开始繁殖发酵，这是利用天然酵母发酵果酒。但天然酵母附着有其他杂菌，往往会影响果酒的质量。

② 优良果酒酵母的选育　为了保证正常顺利的发酵，获得质量优等的果酒，往往从天然酵母中选育出优良纯种酵母。目前，大多数果酒厂都已采用了优良纯种酵母进行发酵。

③ 酵母菌株的改良　选育的优良酵母可能有不良的性能，这就要求提高其优良性能，增添新的有用特性，以适应生产发展的需求。

最常用的手段有人工诱变，用同宗配合、原生质体融合和基因转化等技术对菌株进行改良。

（2）果酒酵母的扩大培养

① 天然酵母的扩大培养　在利用自然发酵方式酿制水果酒时，每年酿酒季节的第一罐酒醪一般需要较长的时间才开始发酵，这对水果皮上的天然酵母有扩大培养的作用。第二罐后，由于附着在设备上的酵母较多，醪液的发酵速度就快得多。在水果开始采摘前一周，摘取熟透的、含糖量高的健康水果，其量为酿酒批量的 3%～5%，破

碎、榨汁，并添加亚硫酸，混合均匀，在温暖处任其自然发酵。待发酵进入高潮期后，酿酒酵母占压倒优势时，即可作为首次发酵的种母使用。另外，正常的第一罐发酵酒醪，也可作为种母使用。

② 纯种酵母的扩大培养　从斜面试管菌种到生产使用的酒母，须经过数次扩大培养，每次扩大倍数为 10～20 倍。

四、活性干酵母

1. 活性干酵母

以活性干酵母的形式供应商品酵母只是近年来的事情，但这种酵母很快，尤其是在美国，得到了普遍的接受。现在，世界上至少有 9 家公司生产约 30 多株果酒酵母（虽然只有不到 6 株酵母最为常用）。与面包酵母一样，果酒酵母的生产在高度好氧条件下进行，培养基中含有丰富的营养物质，但葡萄糖的浓度很低，常用的发酵原料是稀释的糖蜜。这些条件有利于菌体的生长而不利于乙醇的生成。虽然这些酵母称为活性干酵母，但仍含有 5%～8% 的水分。它们一般充氮密封包装。当贮存在低温环境时，它们可以维持活性至少 1 年。使用活性干酵母的优点是可以确保使用优质酵母，投资购买优质酵母是防止发酵出现问题的最好途径；缺点是需要投入的成本较高。

在多数酵母干燥过程中，酵母的细胞膜可能丧失其通透屏障功能。重新建立这种屏障功能是重要的，因此添加前须将其小心地复水以恢复它们新陈代谢功能。当干酵母遇水后细胞几秒钟内会将所需的水分吸入体内。因为细胞膜在复水时通透性很强，如果复水过程进行得不正确，细胞内含物将通过细胞膜流失从而使酵母丧失活力；酵母结块黏在一起很难分散开也是常遇到的难题，而将细胞加入 15℃ 以下的凉水或果汁中活性细胞数有可能减少 60%，所存活的数目将不能满足尽快起酵的需要。一般干细胞复水过程应遵循的原则如下。

① 复水方式　在水中进行比在果汁中好。因为果汁中含有使渗透压提高的糖，有可能含有二氧化硫或残留的真菌抑制剂。虽然酵母细胞可以抵抗一定浓度的二氧化硫和低浓度的真菌抑制剂，但这些对于处于复水阶段的酵母将是致命的。

② 添加量 每 100L 发酵醪中添加 20g 干酵母可使每毫升果汁中有 10^6 个活性酵母细胞。这正是启动优良发酵所需的量。

③ 复水量 复水用水量是干酵母重量的 5～10 倍。例如：处理 250g 干酵母正确用水量是 1.25～2.5L，如果接种量是 1%，它将适合 1000L 的发酵醪使用。

④ 复水温度 复水用水的温度应保持在 40℃ 左右（38～43℃），不可将酵母加入冷水后再加热到 40～45℃。将酵母缓慢添加入水中而不是将水加入酵母，否则可引起酵母结块导致复水不彻底。将酵母静置 5～10min 后进行搅拌。酵母在水中的时间不能超过 30min，时间延长，酵母的活力将降低。使复水的酵母溶液缓慢冷却到与将被接种发酵醪的温差小于 10℃，不要将热酵母液倒入冷发酵液中，温差过大可引起酵母变异和死亡。

一些果酒酵母制造商推荐干酵母可被直接添加入发酵醪中，有些人甚至认为这种方法比在一定温度的水中复水后使用效果好。一旦干酵母从休眠状态唤醒，酵母的生活循环将遵从以下四个阶段：迟滞阶段，生长阶段，发酵阶段，沉降和衰亡阶段。实际上这几个阶段之间没有明显的时间界限，甚至某些阶段是互相重叠的。当干酵母被正确复水后迟滞阶段会缩短，消耗掉所有的糖，使发酵进行得更为彻底。虽然起始发酵的商品活性干酵母是纯培养物，并且采用无菌方法生产，但这种产品本身并不是完全不含污染物的，一般也能检出一些细菌和污染酵母。

2. 活性干酵母的使用

目前市面上有多种葡萄酒活性干酵母出售，可以根据果实与酒的特点来选用。活性干酵母具有生长繁殖能力与发酵活性，虽然价格较贵，但由于省去了保种、扩大培养操作，使用非常方便，大多数商品干酵母细胞数量为 $1.1 \times 10^{10} \sim 3.9 \times 10^{10}$ cfu/g。由于含水量低，加之真空包装，未开封干酵母能够保存很长时间。有研究表明，5℃ 贮存时，活力丧失 0.5%～1%；21℃ 贮存时，活力丧失 1.5%～2%；高温贮存（37℃）16 个月，活力丧失 75%～80%。在使用活性干酵母时应仔细阅读使用说明，按照说明使用。一般来讲，使用方法有三种。

① 直接投入发酵罐中 商品干酵母处于休眠状态，含水 5%～8%，直接添加到果浆或果汁中时，因未事先复水，酵母颗粒在果汁中较难扩散，应避免形成小的块状浮于液面或沉于罐底，酵母接种量应加大。对难以溶解的活性干酵母应复水后使用；对于较难启动发酵的果汁（浆）也应将酵母复水后使用，同时加大酵母使用量。

② 复水后使用 这是最常用的使用方法。先将需要量的活性干酵母用 5～10 倍的 30～35℃温水或 5%糖液或适当稀释的果汁溶解，使细胞吸水、悬浮，每隔数分钟搅拌一次，待酵母完全溶解成均匀的悬浮液后，加到果浆（汁）中发酵。复水时间不宜超过 30min，否则酵母将因营养匮乏而活性衰退。

③ 扩大培养后使用 活性干酵母复水后扩大培养后再使用。扩大培养一般不超过 3 级，以防污染。培养条件与普通培养酵母相同。培养方法是：将复水后的酵母接入澄清的已用 80～100mg SO_2/L 杀过菌的果汁中，扩大培养比为 5～10 倍。培养至对数生长期后，再次扩大培养 5～10 倍。如此操作，酵母成熟后供生产使用。接种量为 10%～20%。实例如图 2-1 所示。

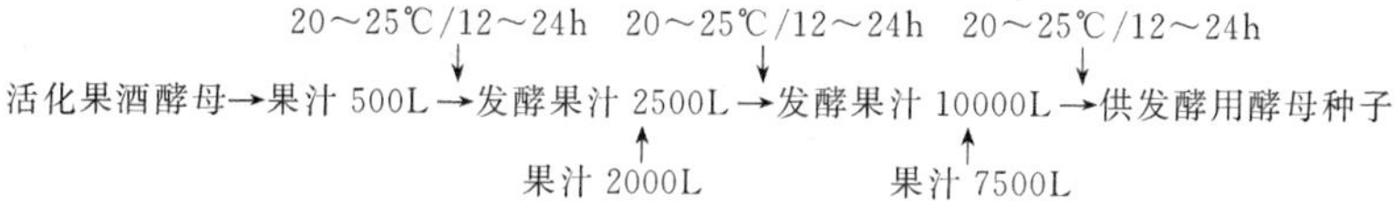

20～25℃/12～24h 20～25℃/12～24h 20～25℃/12～24h

活化果酒酵母→果汁 500L→发酵果汁 2500L→发酵果汁 10000L→供发酵用酵母种子

果汁 2000L 果汁 7500L

图 2-1 活性干酵母扩大培养示意图

五、液体酒母

制备液体酒母的原理十分简单，即在少量无菌果汁中活化和繁殖酵母直到形成旺盛的菌群。液体酒母的质量十分重要，它决定着整个发酵过程以及果酒的质量。液体酒母可以在酿酒厂的实验室中由贮藏的菌种培养制备，也可以由购买的活性干酵母制备。这种培养方法可以节省菌种的成本，也可以提供某些不能供应的菌种，但它的劳动强度大，并且需要训练有素的微生物工作者精心的操作。因为保藏的菌种是纯培养物，菌种扩大培养的前几个阶段必须是无菌培养。必须先将一环斜面上的酵母无菌接种到 5mL 灭过菌的果汁中。25℃条件下培养 1~2 天后观察到明显的生长状态时（果汁变得混浊，表面形成泡沫，轻轻晃动液体有二氧化碳释放出来，随后酵母细胞形成棕色悬浮物沉降到瓶底），将此培养物转接到 50 倍体积（250mL）的灭过菌的果汁中。这种逐级转接可以进行 1 次或 2 次以上，直到培养物的量能够满足发酵需求。由于果酒酵母生长得非常迅速，而且果汁是酵母生长的理想培养基（其中的营养物和 pH 有利于果酒酵母的繁殖，而不利于外源微生物的生长），加上接种量大（2%）和二氧化硫的添加，液体酒母一旦接入发酵醪就可使发酵向正确方向进行。所要求的产品风格，果汁本身的特点和准备采用的发酵温度是选择酵母纯培养物种类的关键因素。

六、酵母的贮藏

酵母在保管和使用时，应注意到酵母的保质期，存放时间越长，存活酵母越少。酵母在缺乏营养时如温度上升，它会因自己本身存在的蛋白酶，使自身细胞分解，即出现自溶现象，也称自我消化。在没有外界营养物供给时，酵母还会消耗细胞内的贮存物质。自身发酵往往会使温度升高，促进自我消化。所以，酵母的保管和贮存是十分重要的工作。

对于液体酵母的保管温度应当在 0~4℃，并且要防止贮存期间温度的升高。酵母本身也是其他杂菌的良好营养源，所以保管中要加强卫生管理，防止杂菌感染。有实验表明：液体酵母在 13℃ 可存放 14 天，在 4.4℃ 可存放 30~35 天。干酵母 49℃ 时，可存放 1 周，32℃ 时可存放 6 个月，21℃ 时可存放 21 个月，4.4℃ 可存放 24 个月，可见酵母一定要在低温条件下贮存。为防止酵母的自我消化，液体酵母 1 个月左右还应转接 1 次。

七、环境条件对酵母的影响

① 温度的作用　葡萄酒酵母最适宜的繁殖温度是 22~30℃。温度低于 16℃ 时，繁殖很慢，如果在 22℃ 下已经开始发酵，再将发酵的果汁温度降低到 11~12℃ 或更低一些，发酵还会继续下去。酵母

能忍受低温，从天然的葡萄酒酵母中可分离出低温发酵的葡萄酒酵母。当温度超过 35℃ 时，酵母呈瘫痪状态，在 40℃ 时完全停止生长和发酵。

② 酸的作用　在 pH 值为 3.5 时，大部分酵母能繁殖，而细菌在 pH 值低于 3.5 时就停止了繁殖。当 pH 值降到 2.6 时，一般酵母停止繁殖。

③ 乙醇的作用　乙醇是发酵的主要产物，对所有酵母都有抑制作用。葡萄酒酵母与其他酵母相比，忍耐乙醇的能力较强。尖端酵母当酒度超过 4% 时，就停止生长和繁殖。在葡萄破碎时带到汁中的其他微生物，如产膜菌、细菌等，对乙醇的抵抗力更小，因此它阻止了有害微生物在果汁中的繁殖。但有些细菌就不一样，如乳酸菌，在含乙醇 26% 或更高情况下，仍能维持其繁殖能力。

④ 二氧化硫的作用　不同的二氧化硫量对酵母的作用不同，当加入 50～100mg/L 二氧化硫时，已明显有抑制作用，为了杀死酵母或者停止新鲜果汁的发酵，可添加二氧化硫 1g/L。

八、酵母质量检查及其分离、培养、发酵过程注意事项

(1) 酵母质量检查

① 镜检　显微镜下观察培养酵母，细胞形态与大小均匀一致，细胞饱满，细胞质透明、均一，出芽率 60% 以上。用美兰染色，死亡细胞不超过 1%，视野内无杂菌。

② 发酵状况　接种后的培养液很快变混浊，液面有细白泡沫生成，摇动培养容器有细小气泡上升。

③ 理化分析　经糖、酸分析，酵母降糖速度正常，无异常产酸现象。

④ 感官检查　酵母培养液应有原料果汁的风味、香气与酵母味，无异味。为保证酵母的质量，在扩大培养期间应定期检查酵母的生长情况。

(2) 酵母分离中的注意事项　酵母菌是单细胞真核微生物，在自然界中普遍存在，主要分布在含糖质较多的偏酸性环境中，如水果、

蔬菜、花蜜和植物叶子上，以及果园土壤中。在麦芽汁培养基上生长的酵母，其细胞为圆形、卵圆形或椭圆形。细胞单生、双生或成短串或成团。酵母细胞大型的（5～10）μm×（6～12）μm，小型的（3～9）μm×（4.5～10）μm。在麦芽汁琼脂培养基上，菌落为白色、有光泽、平坦、边缘整齐。在液体培养基中的生长行为有两类，工业上把发酵度较高，不易凝集沉淀，浮于上面的酵母称为上面酵母；把易于凝集沉淀，发酵度较低的酵母称为下面酵母。酵母菌种是逐级扩大培养至发酵罐，因此在菌种制作过程中，一定要保持纯种的扩大培养繁殖，而不受其他杂菌的污染。一旦杂菌侵入，菌种生产就将失败。在细菌分离、筛选过程中亦是如此，分离、筛选适宜酿造果酒的纯种，要经过若干次分离纯化，逐步淘汰不需要的酵母及其杂菌，从而达到选种的目的。在菌种分离和制备中应注意以下几项。

① 培养基灭菌必须彻底，分装培养基不宜过多，棉塞大小合适并保持干燥，以防止杂菌发生。

② 分离和接转菌种的用具和器皿，必须严格灭菌，接、转菌种必须进行无菌操作。

③ 接种室或无菌箱应经常保持清洁，并定期用苯酚或苯扎氯铵等药剂喷射，以保持室内或箱内无杂菌生长。

④ 接种人员的手和穿戴的衣、鞋、帽及口罩应经常消毒，否则不能进行操作。在无菌室内不能讲话。

（3）酵母培养过程中应注意的问题

① 用于培养酵母用的容器使用前应洗净灭菌。灭菌时，可采用150℃干热灭菌3h或0.14MPa湿热灭菌30min。

② 果汁灭菌时，应避免长时间高温而破坏营养。

③ 生产阶段酵母培养用果汁糖度不宜低于15°Bx。培养过程中降糖至5～7°Bx时，即可作为种子用。对不适于用酵母培养的果汁，可用其他易于酵母生长繁殖、对拟酿造的果酒风味影响小的果汁，如苹果汁代替。

④ 为了得到更多的优质健壮酵母，可在实验室培养阶段的培养基中添加0.6%酵母浸膏粉，在生产阶段的果汁中添加150～300mg/L

$(NH_4)_2HPO_4$ 与适量维生素类，当然也可以用市售的酵母营养盐代替。

⑤ 培养过程中应注意通 O_2 或搅拌。

（4）发酵困难解决方法 发酵困难包括推迟或起发失败、发酵滞缓或发酵停滞。具体可分为四类：起发慢（后来变得正常）、发酵滞缓、象征性起发后变得滞缓、正常起发后停止。其中可能的原因有多种。推迟或起发失败可能是由于果浆中酵母细胞量不足、过多使用了 SO_2、果浆温度过低、果浆糖浓度过高、果浆中灭菌剂残留量过多等；发酵滞缓或发酵停滞可能是由于杂菌生长、发酵果浆温度太高、发酵液降温过度、缺少不饱和脂肪酸、固醇（Sterol，又称甾醇，类固醇的一种）、含氮物与氧而引起发酵缓慢、发酵周期延长，酵母耐酒度低，含糖高或发酵过程中加糖晚等。由发酵温度、降糖速度、营养组成与发酵进程记录常常会发现发酵困难的早期迹象并找到可能的快速解决方案。发酵一旦停止，自动起发就困难了。往发酵停滞的果浆中添加专用酵母是重新启动发酵的有效措施，此类酵母通常耐较高的酒度且具有良好的利用果糖能力（由于葡萄糖优先利用，果糖在发酵过程中比例增加）。添加营养物和酵母、调整发酵温度、通氧通常可使发酵重新启动。若杂菌引起发酵困难应提前分离果汁，过滤，添加 SO_2 后，再添加 $1g/L$ 活性干酵母进行发酵。

第四节 黄酒酿造的主要微生物

一、主要微生物分类

传统的黄酒酿造是以小曲（酒药）、麦曲或米曲作糖化发酵剂的，即利用它们所含的多种微生物来进行混合发酵。经分析，酒曲中主要的微生物有以下几类。

1. 曲霉菌

曲霉菌主要存在于麦曲、米曲中，在黄酒酿造中起糖化作用，其中以黄曲霉菌（或米曲霉菌）为主，还有较少的黑曲霉菌等微生物。

黄曲霉菌能产生丰富的液化型淀粉酶和蛋白质分解酶。液化型淀粉酶能分解淀粉产生糊精、麦芽糖和葡萄糖，该酶不耐酸，在黄酒发酵过程中，随着酒醪 pH 值的下降其活性较快地丧失，并随着被作用的淀粉链的变短而分解速度减慢。蛋白质分解酶对原料中的蛋白质进行水解形成多肽、低肽及氨基酸等含氮化合物，能赋予黄酒以特有的风味并提供给酵母作为营养物质。

黑曲霉菌主要产生糖化型淀粉酶，该酶有规则地水解淀粉生成葡萄糖，并耐酸，因而，糖化持续性强，酿酒时淀粉利用率高。黑曲霉产生的葡萄糖苷转移酶，能使可发酵性的葡萄糖通过转苷作用生成不发酵性的异麦芽糖或潘糖，降低出酒率而加大酒的醇厚性。黑曲霉的孢子常会使黄酒加重苦味。

为了弥补黄曲霉（或米曲霉）的糖化力不足，在黄酒生产中可适量添加少许黑曲糖化酶或食品级的糖化酶，以减少麦曲用量，增强糖化效率。黄酒工业常用的黄曲霉菌种有 3800、苏-16 等，黑曲霉菌种有 3758、As3.4309 等。

2. 根霉

根霉菌是黄酒小曲（酒药）中含有的主要糖化菌。根霉糖化力强，几乎能使淀粉全部水解成葡萄糖，还能分泌乳酸、琥珀酸和延胡索酸等有机酸，降低培养基的 pH 值，抑制产酸细菌的侵袭，并使黄酒口味鲜美丰满。为了进一步改善我国的黄酒质量，提高黄酒的稳定性，可以设想以根霉为主要糖化菌，采用 Amylo 法生产黄酒，使我国黄酒产品适应国际饮用的需要。用于黄酒生产的根霉菌种主要有：Q303、3.851、3.852、3.866、3.867、3.868 等。

3. 红曲霉

红曲霉是生产红曲的主要微生物，由于红曲霉菌能分泌红色素而使曲呈现紫红色。红曲霉菌不怕湿度大，耐酸，最适 pH 值为 3.5～5.0，在 pH 值 3.5 时，能压倒一切霉菌而旺盛地生长，使不耐酸的霉菌抑制或死亡，红曲霉菌所耐最低 pH 值为 2.5，耐 10% 的酒精，能产生淀粉酶、蛋白酶等，水解淀粉最终生成葡萄糖，并能产生柠檬酸、琥珀酸、乙醇，还分泌红色素或黄色素等。用于酿酒的红曲霉菌主要有 As3.555、As3.920、As3.972、As3.976、As3.986、

As3.987、As3.2637。

4. 酵母菌

绍兴黄酒采用淋饭法制备酒母，通过酒药中酵母菌的扩大培养，形成酿造摊饭黄酒所需的酒母醪，这种酒母醪实际上包含着多种酵母菌，不但有发酵酒精成分的，还有产生黄酒特有香味物质的不同酵母菌株。

新工艺黄酒使用的是优良纯种酵母菌，不但有很强的酒精发酵力，也能产生传统黄酒的风味，其中 As2.1392 是酿造糯米黄酒的优良菌种，该菌能发酵葡萄糖、半乳糖、蔗糖、麦芽糖及棉子糖产生酒精并形成典型的黄酒风味。它抗杂菌污染能力强，生产性能稳定，在国内普遍使用。另外，M-82、AY 系列黄酒酵母菌种等都是常用的优良黄酒酵母菌。

在选育优良黄酒酵母菌时，除了鉴定其常规特性外，还必须考察它产生尿素的能力，因为在发酵时产生的尿素，将与乙醇作用生成致癌的氨基甲酸乙酯。

5. 黄酒酿造的主要有害细菌

黄酒发酵是霉菌、酵母、细菌的多菌种混合发酵，必须通过酿造季节的选择和工艺操作的控制来保证发酵的正常进行，防止有害菌的大量繁殖。常见的有害微生物有醋酸菌、乳酸菌和枯草芽孢杆菌。它们大多来自曲和酒母及原料、环境、设备。尤其是乳酸杆菌的生理特性能适应黄酒发酵的环境，容易导致黄酒发酵醪的酸败。

对自然发酵制成的麦曲、酒药都需经过一定时间的贮藏，以达到淘汰有害微生物的作用。在新工艺纯种酒母培养时，要检测并控制培养液中的杂菌数量，保证酒母的纯粹。生产中必须严格工艺操作，注意消毒灭菌，保持生产环境的清洁卫生，才能有效地防止有害微生物的污染。

二、酒药

酒药又称小曲、酒饼、白药等，主要用于生产淋饭酒母或以淋饭法酿制甜黄酒。利用酒药保藏优良微生物菌种是我国古代劳动人民的独创方法。

酒药作为黄酒生产的糖化发酵剂，它含有的主要微生物是根霉、毛霉、酵母及少量的细菌和梨头霉等。酒药具有制作简单、贮存使用方便、糖化发酵力强而用量少的优点，目前酒药的制造有传统的白药（蓼曲）或药曲及纯粹培养的根霉曲等几种。

1. 白药

（1）白药制造工艺流程（图 2-2）

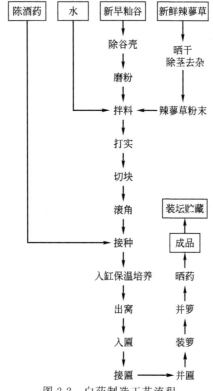

图 2-2　白药制造工艺流程

（2）操作要点

① 酒药一般在初秋前后、气温 30℃ 左右时制作，有利于发酵微生物的生长繁殖。此时早籼稻谷已经收割登场，辣蓼草的采集也已完成，制药条件已具备。

② 要选择老熟、无霉变的早籼稻谷，在白药制作前一天去壳磨成粉，细度过 60 目筛为佳，因新鲜糙米富有蛋白质、灰分等营养，利于小曲微生物生长。陈米、大米的籽粒表面与内部寄附着众多的细菌、放线菌、霉菌和植物病原菌等微生物，有损酒药的质量，故不宜采用。

③ 添加的辣蓼草要求在农历小暑到大暑之间采集，选用梗红、叶厚、软而无黑点、无茸毛即将开花的辣蓼草，拣净水洗，烈日暴晒数小时，去茎留叶，当日晒干舂碎、过筛密封备用。因辣蓼草含有根霉、酵母等所需的生长素，在制药时还能起到疏松作用。

④ 选择糖化发酵力强、生产正常、温度易于掌握、生酸低、酒的香味浓的优质陈酒药作为种母，接入米粉量的 $1\%\sim3\%$，可稳定和提高酒药质量。也可选用纯种根霉菌、酵母菌经扩大培养后再接入米粉，进一步提高酒药的糖化发酵力。

⑤ 制蓼曲的配料为糙米粉：辣蓼草：水 ＝ 20：$(0.4\sim0.6)$：$(10\sim11)$，使混合料的含水量达 $45\%\sim50\%$，培养温度为 $32\sim35℃$，控制最高品温 $37\sim38℃$。

⑥ 酒药成品率约为原料量的 85%。成品酒药应表面白色，口咬质地疏松，无不良气味，糖化发酵力强，米饭小型酿酒试验要求产生糖浓度高，口味香甜。

⑦ 酒药生产中添加各种中药制成的小曲称为药曲。中药的加入可能提供了酿酒微生物所需的营养，或能抑制杂菌的繁殖，使发酵正常并带来特殊的香味。但大多数中药对酿酒微生物是具有不同的抑制作用，所以应该避免盲目地添加中药材，以降低成本。

⑧ 酒药是多种微生物的共生载体，是形成黄酒独特风味的因素之一。为了进行多菌种混合发酵，防止产酸菌过多繁殖而造成升酸或酸败，必须选择低温季节酿酒，故传统的黄酒生产具有明显的季节性。

2. 纯种根霉曲

纯种根霉曲是采用人工培育纯粹根霉菌和酵母制成的小曲。用它生产黄酒能节约粮食，减少杂菌污染，发酵产酸低，成品酒的质量均匀一致，口味清爽，还可提高 $5\%\sim10\%$ 的出酒率。

（1）纯种根霉曲生产工艺流程（图 2-3）

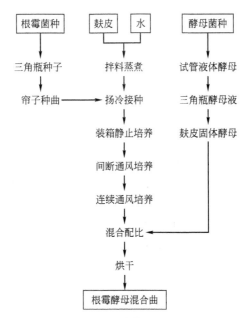

图 2-3 纯种根霉曲生产工艺流程

（2）操作要点

① 根霉试管斜面采用米曲汁琼脂培养基，使用的菌种有 Q303、3.866 等。

② 三角瓶种曲培养基采用麸皮或早籼米粉。麸皮加水量为 80%～90%，早籼米粉加水量为 30% 左右，拌匀，装入三角瓶，料层厚度在 1.5cm 以内，经 0.098MPa 压力蒸汽灭菌 30min 或常压灭菌两次。冷至 35℃ 左右接种，28～30℃ 保温培养，20～24h 后，长出菌丝，摇瓶 1 次，调节空气，促进繁殖。再培养 1～2 天，出现孢子，菌丝满布培养基表面并结成饼状，进行扣瓶，增加培养基与空气的接触面，促进根霉菌进一步生长，直至成熟。取出后装入灭过菌的牛皮纸袋里，置于 37～40℃ 下干燥至含水 10% 以下，备用。

③ 帘子曲培养 麸皮加水 80%～90%，拌匀堆积半小时，使其吸水，经常压蒸煮灭菌，摊冷至 34℃，接入 0.3%～0.5% 的三角瓶种曲，拌匀，堆积保温、保湿，促使根霉菌孢子萌发。经 4～6h，品

温开始上升，进行装帘，控制料层厚度在 1.5～2.0cm。保温培养，控制室温在 28～30℃，相对湿度 95％～100％，经 10～16h 培养，菌丝把麸皮连接成块状，这时最高品温应控制在 35℃，相对湿度在 85％～90％。再经 24～28h 培养，麸皮表面布满大量菌丝，可出曲干燥。要求帘子曲菌丝生长茂盛，并有浅灰色孢子，无杂色异味，成品曲酸度在 0.5 以下，水分在 10％以下。

④ 通风制曲 用粗麸皮作原料，有利于通风，能提高曲的质量。麸皮加水 60％～70％，应视季节和原料粗细进行适当调整，然后常压蒸汽灭菌 2h。摊冷至 35～37℃，接入 0.3％～0.5％的种曲，拌匀，堆积数小时，装入通风曲箱内。要求装箱疏松均匀，控制装箱后品温为 30～32℃，料层厚度 30cm，先静止培养 4～6h，促进孢子萌发，室温控制在 30～31℃，相对湿度在 90％～95％。随着菌丝生长，品温逐步升高，当品温上升到 33～34℃时，开始间断通风，保证根霉菌获得新鲜氧气。当品温降低到 30℃时，停止通风。接种后 12～14h，根霉菌生长进入旺盛期，呼吸发热加剧，品温上升迅猛，曲料逐渐结块坚实，散热比较困难，需要进行连续通风，最高品温可控制在 35～36℃，这时尽量要加大风量和风压，通入的空气温度应在 25～26℃。通风后期由于水分不断减少，菌丝生长缓慢，逐步产生孢子，品温降到 35℃以下，可暂停通风。整个培养时间为 24～26h。培养完毕可通入干燥空气进行干燥，使水分下降到 10％左右。

⑤ 麸皮固体酵母 传统的酒药是根霉、酵母和其他微生物的混合体，能边糖化边发酵，以此满足浓醪发酵的需要，所以，在培养纯种根霉曲的同时，还要培养酵母，然后混合使用。以米曲汁或麦芽汁作为黄酒酵母菌的固体试管斜面、液体试管和液体三角瓶的培养基，在 28～30℃下逐级扩大，保温培养 24h，尔后，以麸皮为固体酵母曲的培养基，加入 95％～100％的水经蒸煮灭菌，接入 2％的三角瓶酵母成熟培养液和 0.1％～0.2％的根霉曲，使根霉对淀粉进行糖化，供给酵母必要的糖分。接种拌匀后装帘培养。装帘时要求料层疏松均匀，料层厚度为 1.5～2cm，在品温 30℃下培养 8～10h，进行划帘，使酵母呼吸新鲜空气，排除料层内的 CO_2，降低品温，促使酵母均

衡繁殖。继续保温培养：品温升高至36～38℃，再次划帘。培养24h后，品温开始下降，待数小时后，培养结束，进行低温干燥。

将培养成的根霉曲和酵母曲按一定的比例混合成纯种根霉曲，混合时一般以酵母细胞数 4×10^8 个/g计算，加入根霉曲中的酵母曲量为6%最适宜。

三、麦曲

1. 麦曲的作用和特点

麦曲是指在破碎的小麦粒上培养繁殖糖化菌而制成的黄酒生产糖化剂。它为黄酒酿造提供各种酶类，主要是淀粉酶和蛋白酶，促使原料所含的淀粉、蛋白质等高分子物质水解；同时在制曲过程中形成各种代谢产物，以及由这些代谢产物相互作用产生的色泽、香味等，赋予黄酒酒体独特的风格。传统的麦曲生产采用自然培育微生物的方法，目前已有不少工厂采用纯粹培育的方法制得纯种麦曲。

对传统方法制成的麦曲进行微生物分离鉴定，发现其中主要是黄曲霉（或米曲霉）、根霉、毛霉和少量的黑曲霉、灰绿曲霉、青霉、酵母等。麦曲分为块曲和散曲，块曲主要是砖曲、挂曲、草包曲等，一般经自然培养而成；散曲主要有纯种生麦曲、爆麦曲、熟麦曲等，常采用纯种培养制成。为了弥补麦曲糖化力或液化力之不足，减少用曲量，在不影响成品黄酒风味的前提下，可适当添加纯种麦曲或食品级淀粉酶制剂加以强化。

2. 砖曲的制造

砖曲是块曲的代表，又称闹箱曲。常在农历八九月间制作。

（1）工艺流程

小麦→过筛→轧碎→加水拌曲→成型→堆曲→保温培养→通风干燥→成品

（2）操作要点

① 过筛、轧碎　原料小麦经筛选除去杂质并使制曲小麦颗粒大小均匀。过筛后的小麦入轧麦机破碎成3～5片，呈梅花形，麦皮破裂，胚乳内含物外露，使微生物易于生长繁殖。

② 加水拌曲　轧碎的麦粒放入拌曲箱中，加入 20%～22% 的清水，迅速拌匀，使之吸水。要避免白心或水块，防止产生黑曲或烂曲。拌曲时也可加进少量的优质陈麦曲做种子，稳定麦曲的质量。

③ 成型　为了便于堆积、运输，须将曲料在曲模木框中踩实成型，压到不散为度，再用刀切成块状。

④ 堆曲　在预先打扫干净的曲室中铺上谷皮和竹簟，将曲块搬入室内，侧立成丁字形，叠为两层，再在上面散铺稻草保温，以适应糖化菌的生长繁殖。

⑤ 保温培养　堆曲完毕，关闭门窗，经 3～5 天后，品温上升至 50℃ 左右，麦粒表面菌丝繁殖旺盛，水分大量蒸发，要及时做好降温工作，取掉保温覆盖物并适当开启门窗。继续培养 20 天左右，品温也逐步下降，曲块随水分散失而变得坚硬，将其按井字形叠起，通风干燥后使用或入库贮存。

为了确保麦曲质量，培菌过程中的最高品温可控制在 50～55℃，使黄曲霉不易形成分生孢子，有利于菌丝体内淀粉酶的积累，提高麦曲的糖化力。并且对青霉之类的有害微生物起到抑制作用。避免产生黑曲和烂曲现象，同时加剧美拉德反应，增加麦曲的色素和香味成分。

成品麦曲应该具有正常的曲香味，白色菌丝均匀密布，无霉味或生腥味，无霉烂夹心，含水量为 14%～16%，糖化力较高，在 30℃ 时，每克曲每小时能产生 700～1000mg 葡萄糖。

3. 纯种麦曲

采用纯粹的黄曲霉（或米曲霉）菌种在人工控制的条件下进行扩大培养制成的麦曲称为纯种麦曲。它比自然培养的麦曲的酶活性高，用曲量少，适合于机械化新工艺黄酒的生产。

纯种麦曲可分为纯种生麦曲、熟麦曲、爆麦曲等。它们在制曲原料的处理上有不同外，其他操作基本相同，都可采用厚层通风制曲法，其制造工艺过程为：原菌→试管培养→三角瓶扩大培养→种曲扩大培养→麦曲通风培养。

(1) 菌种　制造麦曲的菌种应具备以下特性。

① 淀粉酶活力强而蛋白酶活力较弱。

② 培养条件粗放，抵抗杂菌能力强，在小麦上能迅速生长，孢子密集健壮。

③ 能产生特有的曲香。

④ 不产生黄曲霉毒素。

目前我国黄酒生产常用的菌种有 3800 或苏-16 等。

（2）种曲的扩大培养

① 试管菌种的培养一般采用米曲汁琼脂培养基，30℃培养 4～5 天，要求菌丝健壮、整齐，孢子丛生丰满，菌丛呈深绿色或黄绿色，无杂菌污染。

② 三角瓶种曲培养以麸皮为培养基，操作与根霉曲相似。要求孢子粗壮整齐、密集，无杂菌。

③ 帘子种曲（或盒子种曲）的培养操作与根霉帘子曲相似。

④ 通风培养纯种的生麦曲、爆麦曲、熟麦曲，主要在原料处理上不同。生麦曲在原料小麦轧碎后，直接加水拌匀接入种曲，进行通风扩大培养。爆麦曲是先将原料小麦在爆麦机里炒熟，趁热破碎，冷却后加水接种，装箱通风培养。熟麦曲是先将原料小麦破碎，然后加水配料，在常压下蒸熟、冷却后，接入种曲，装箱通风培养。

（3）纯种熟麦曲的通风培养操作程序

配料→蒸料→冷却、接种→装箱→静止培养间断通风培养→连续通风培养→出曲

① 配料　制曲原料小麦用辊式破碎机破碎成每粒 3～5 瓣，尽量减少粉末的形成。根据季节、麦料粉碎的粗细程度和干燥程度添加适量的水拌匀，一般加水量为原料量的 40% 左右，堆积润料 1h 左右。

② 蒸料　常压蒸煮 45min，达到淀粉糊化和原料灭菌的作用。

③ 冷却、接种　将蒸熟的麦料迅速风冷至 36～38℃；接入原料量 0.3%～0.5% 的种曲，拌匀，控制接种后品温在 33～35℃。

④ 堆积装箱　接种后的曲料可先行堆积 4～5h，促进霉菌孢子的吸水膨胀发芽。也可直接把曲料装入通风培养曲箱内，要求装箱疏松均匀，品温控制在 30～32℃，料层厚度为 25～30cm，可视气温进行调节。

⑤ 通风培养　纯种麦曲通风培养主要掌握温度、湿度、通风量

和通风时间。整个通风培养分为三个阶段：前期为间断通风阶段。接种后 10h 左右，是霉菌孢子萌发，生长幼嫩菌丝的阶段。霉菌呼吸弱，发热量少，应注意曲料的保温、保湿。室温宜控制在 30～31℃，室内空气相对湿度为 90％～95％，品温控制 30～33℃，此时可用循环小风量通风或待品温升至 34℃时，进行间断通风，当品温下降到 30℃时，停止通风，如此反复进行。中期为连续通风阶段。经过间断通风培养，霉菌菌丝进入旺盛生长时期，菌丝体大量形成，呼吸作用强烈，品温升高很快，并且发生菌丝相互缠绕，曲料结块，通风阻力增加，此时必须全风量连续通风，品温控制在 38℃左右，不得超过 40℃，否则会发生烧曲现象，如果品温过高，可通入部分温度、湿度较低的新鲜空气。后期为产酶排湿阶段。菌丝生长旺盛期过后，呼吸逐步减弱，菌丝体开始出现分生孢子柄和分生孢子。这是霉菌产酶和积累酶最多的时期，应降低湿度，提高室温或通入干热空气，控制品温在 37～39℃，进行排潮，这样有利于酶的形成和成品曲的保存，掌握曲的酶活力达到最高时及时出曲，整个培养时间为 36h 左右。盲目延长培养时间，反而会降低曲的酶活力，使曲形成大量霉菌孢子。

⑥ 成品曲的质量　成品曲应表现为菌丝稠密粗壮，不能有明显的黄绿色孢子，有曲香，无霉酸味，曲的糖化力在 1000 单位以上，曲的含水量在 25％上下。

4. 乌衣红曲

我国浙江、福建部分地区以籼米为原料生产黄酒，采用乌衣红曲做糖化发酵剂。乌衣红曲是米曲的一种，它主要含有红曲霉、黑曲霉、酵母菌等微生物。乌衣红曲具有糖化发酵力强、耐温、耐酸等特点，酿制出的黄酒色泽鲜红，酒味醇厚，但酒的苦涩味较重。

(1) 乌衣红曲生产工艺流程

籼米→浸渍→蒸煮→摊饭→接种（加黑曲霉、红糟）→装箩→翻堆→摊平→喷水→出曲→晒曲→成曲

(2) 操作要点

① 浸渍，蒸煮　籼米加水浸渍，一般在气温 15℃以下时，浸渍 2.5h；气温 15～20℃时，浸渍 2h；气温在 20℃以上时，浸渍 1～

1.5h。浸后用清水漂洗干净，沥干后常压蒸煮，圆汽后 5min 即可，要求米饭既无白心，又不开裂。

② 摊饭，接种　蒸熟的米饭散冷到 34～39℃，接入 0.01% 的黑曲霉菌种和 0.01% 红糟，充分拌匀，装笋。

③ 装笋，翻堆　接种后的米饭盛入竹笋内，轻轻摊平，盖上洁净麻袋，入曲房保温，促进霉菌孢子萌发繁殖。如室温在 22℃ 以上，约经 24h，笋中心的品温可升到 43℃，气温低时，保温时间须延长，当品温达 43℃ 时，米粒有 1/3 出现白色菌丝和少量红色斑点，其余尚未改变。这是由于不同微生物繁殖所需的温度不同所致，笋心温度高，适于红曲霉生长，笋心外缘温度在 40℃ 以下，黑曲霉生长旺盛，当笋内品温上升到 40℃ 以上时，将米饭倒在曲房的水泥地上，加以翻拌，重新堆积。待品温上升到 38℃ 时，翻拌堆积 1 次，以后当品温升到 36℃、34℃ 时各进行翻拌堆积 1 次，每次翻拌堆积的间距时间，气温在 22℃ 以上时约 1.5h；气温在 10℃ 左右，需 5～7h 才翻拌堆积。

④ 摊平，喷水　当饭粒 70%～80% 出现白色菌丝，按先后把各堆翻拌摊平，耙成波浪形，凹处约 3.5cm，凸处约 15cm。

如气温在 22℃ 以上时，曲料品温上升到 32℃ 时，每 100kg 米饭的喷水量为 9kg，经 2h 将其翻拌 1 次，约 2h 后品温又上升到 32℃，再喷水 14kg，每隔 2h 左右翻拌 1 次，共翻拌 2 次，至第 2 天再喷水 10kg，经 3h 后品温上升到 34℃，再喷水 13kg。这次喷水应按饭粒上霉菌繁殖量来决定，如用水过多，则饭粒容易腐烂而使杂菌孳生；用水过少，霉菌繁殖不好容易产生硬粒而影响质量。总计每 100kg 米用水量在 46kg 左右，最后 1 次喷水后每隔 3～4h 要翻耙 1 次，共翻 2 次。至喷水的第 3 天，品温高达 35～36℃，为霉菌繁殖最旺盛时期，过数小时后，品温才开始下降。整个制曲过程要将天窗全部打开，一般控制室温在 28℃ 左右。气温在 10℃ 左右的冷天，因曲房保温难，曲室内温度只能保持在 23℃ 左右，曲料平摊后，经 11h 左右品温才逐渐上升到 28℃ 左右，此时每 100kg 米饭的翻拌喷水量为 7kg，经 5h 左右品温又上升到 28℃ 左右，再翻拌喷水 8.5kg，再经 4h，品温又上升到 28℃，再翻拌喷水 10kg，经 3h 又翻拌 1 次。喷水

的第 2 天同样喷水 3 次，时间操作基本上与前 1 天相同，以品温升到
28～30℃才进行喷水和翻拌，唯前 2 次喷水翻拌每 100kg 米饭每次用
水 9kg，第 3 次也以饭粒霉菌繁殖程度决定，用水量与天热时大致相
同。每 100kg 米饭总计用水约 53kg。最后 1 次喷水翻拌后 3h 要检查
曲中有无硬粒，如有硬粒，第 2 天再需加水翻拌 1 次。天冷时用水次
数多，量也多，因为气温低，温度上升慢，如果喷水次数少而喷水量
多，饭粒一下吸收不了，易使曲变质，杂菌孳生。

⑤ 出曲、晒曲　一般在曲室中到第六七天，品温已无变化，即
可出曲，摊在竹簟上，经阳光晒干，保存。

⑥ 红糟　红糟又名"糟娘"，是红曲霉和酵母菌的扩大培养产
物，是制备乌衣红曲的种子之一。其制备方法是先将粳米量的三倍清
水煮沸，再将淘洗干净的粳米投入锅中，继续煮沸并除去水面白沫，
直至米身开裂后停煮。取出散冷至 32℃，加粳米量 45％～50％的红
曲拌匀，灌入清洁杀菌过的大口酒坛中，前 10 天敞口发酵，每天早
晨及下午各搅拌 1 次。气温在 25℃以上时，15 天左右可使用。气温
低，培养时间应延长，一般要求红糟酒精含量在 14％左右，口尝有
刺口，并带辣味为好，如有甜味表示发酵不足。

⑦ 黑曲霉　用米饭纯粹培养黑曲霉菌。具体操作工艺详见纯种
米曲的制备方法。

四、酒母

黄酒发酵需要大量酵母菌的共同作用，在传统的绍兴酒发酵时，
发酵醪液中酵母密度高达 6 亿～9 亿个/mL，发酵后的酒精浓度可达
18％以上，因而酵母的数量及质量直接影响黄酒的产率和风味。

1. 黄酒发酵所用酵母菌的特性要求

（1）所含酒化酶强，发酵迅速并有持续性。

（2）具有较强的繁殖能力，繁殖速度快。

（3）抗酒精能力强，耐酸、耐温、耐高浓度和渗透压，并有一定
的抗杂菌能力。

（4）发酵过程中形成尿素的能力弱，使成品黄酒中的氨基甲酸乙

酯尽量减少。

(5) 发酵后的黄酒应具有传统的特殊风味。

黄酒酒母的种类根据培养方法可分为两大类：一是用酒药通过淋饭酒醅的制作，自然繁殖培养糖化菌和酵母菌以及乳酸菌，这种酒母称为淋饭酒母。二是用纯粹黄酒酵母菌，通过纯种逐级扩大培养，增殖到发酵所需的酒母醪量，称之为纯种培养酒母，它常用于新工艺黄酒的大罐发酵。按制备方法不同，又分为速酿酒母和高温糖化酒母。

2. 淋饭酒母

淋饭酒母又叫酒娘，在传统的摊饭酒生产以前 20～30 天，要先制作淋饭酒母，以便酿制摊饭酒时使用。在生产淋饭酒母（或淋饭酒）时，用冷水淋浇蒸熟的米饭，然后进行搭窝和糖化发酵，把质量上乘的淋饭酒醅挑选出来作为酒母，其余的经压榨煎酒成为商品淋饭酒。也可把淋饭酒醅掺入摊饭酒主发酵结束时的酒醪中，提高摊饭酒醪的后发酵能力。

(1) 工艺流程

糯米→浸米→蒸饭→淋水→落缸搭窝→加曲冲缸→发酵开耙→后发酵→酒母

(2) 操作要点

① 配料　制备淋饭酒母常以每缸投料米量为基准，根据气候的不同有 100kg 和 125kg 两种，麦曲用量为原料米的 15％～18％，酒药用量为原料米的 0.15％～0.2％，控制饭水总重量为原料米量的 300％。

② 浸米、蒸饭、淋水　在洁净的陶缸中装好清水，将米倾入，水量超过米面 5～6cm 为好，浸渍时间根据气温不同控制在 42～48h。然后捞出冲洗，淋净浆水，常压煎煮。要求饭粒松软，熟而不糊，内无白心。并将热饭进行淋水，目的是迅速降低饭温，达到落缸要求，并且增加米饭的含水量，同时使饭粒光滑软化，分离松散，以利于糖化菌繁殖生长，促进糖化发酵。淋后饭温一般要求在 31℃左右。

③ 落缸搭窝　将发酵缸洗刷干净并用沸水和石灰水泡洗，用时再用沸水泡缸一次，达到消毒灭菌的目的。将淋冷后的米饭，沥去水分，放入大缸，米饭落缸温度一般控制在 27～30℃，并视气温而

定，在寒冷的天气可高至 32℃。在米饭中拌入酒药粉末，翻拌均匀，并将米饭中央搭成 V 形或 U 形的凹圆窝，在米饭上面再撒些酒药粉，这个操作称为搭窝。搭窝的目的是增加米饭和空气的接触，有利于好气性糖化菌的生长繁殖，释放热量，故而要求搭得较为疏松，以不塌陷为度。搭窝又能便于观察和检查糖液的发酵情况。

④ 糖化、加曲、冲缸　搭窝后应及时做好保温工作。酒药中的糖化菌、酵母菌在米饭的适宜温度、湿度下迅速生长繁殖。根霉菌等糖化菌类分泌淀粉酶将淀粉分解成葡萄糖，使窝内逐渐积聚甜液，此时酵母菌得到营养和氧气，也进行繁殖。由于根霉、毛霉产生乳酸、延胡索酸等酸类物质，使酿窝甜液的 pH 值维持在 3.5 左右，有力地控制了产酸细菌的侵袭，纯化了强壮的酵母菌，使整个糖化过程处于稳定状态。一般经过 36~48h 糖化以后，饭粒软化，甜液满至酿窝的 4/5 高度，此时甜液浓度约 35°Bx，还原糖为 15%~25%，酒精含量在 3% 以上，而酵母由于处在这种高浓度、高渗透压、低 pH 值的环境下，细胞浓度仅在 0.7 亿个/mL 左右，基本上镜检不出杂菌。这时酿窝已成熟，可以加入一定比例的麦曲和水，进行冲缸，充分搅拌，酒醅由半固体状态转为液体状态，浓度得以稀释，渗透压有较大的下降，但醅液 pH 值仍能维持在 4.0 以下，并补充了新鲜的溶解氧，强化了糖化能力，这一环境条件的变化，促使酵母菌迅速繁殖，24h 以后，酵母细胞浓度可升至 7 亿~10 亿个/mL，糖化和发酵作用得到大大加强。冲缸时品温约下降 10℃，应根据气温冷热情况，及时做好适当的保温工作，维持正常发酵。

⑤ 发酵、开耙　加曲冲缸后，由于酵母的大量繁殖并逐步开始旺盛的酒精发酵，使酒醅温度迅速上升，8~15h 后，品温达到一定值，米饭和部分曲漂浮于液面上，形成泡盖，泡盖内温度更高。可用木耙进行搅拌，俗称开耙。开耙目的：一是为了降低和控制发酵温度，使各部位的醅液品温趋于一致；二是排出发酵醅液中积聚的二氧化碳气体，供给新鲜氧气，以促进酵母繁殖，防止杂菌滋长。第一次开耙的温度和时间的掌握尤为重要，应根据气温高低和保温条件灵活掌握。在第一次开耙以后，每隔 3~5h 就进行第二、第三和第四次开

耙，使醪液品温保持在 26～30℃。

⑥ 后发酵　第一次开耙以后，酒精含量增长很快，冲缸 48h 后酒精含量可达 10%以上，糖化发酵作用仍在继续进行。为了降低醪液品温，减少酒醅与空气的接触面，使酒醅在较低温度下继续缓慢发酵，生成更多的酒精，提高酒母质量，在落缸后第七天左右，即可将发酵醪灌入酒坛，进行后发酵，俗称灌坛养醅。经过 20～30 天的后发酵，酒精含量达 15%以上，对酵母的驯化有一定的作用，再经挑选，优良者可用来酿制摊饭黄酒。

（3）酒母的挑选　可采用理化分析和感官品尝结合的方法，从淋饭酒醅中挑选品质优良的作为酒母，其要求酒醅发酵正常，酒精含量在 16%左右，酸度在 0.31～0.37g/100mL，口味老嫩适中，爽口无异杂味。

3. 纯种酒母

纯种酒母是用纯粹扩大培养方法制备的黄酒发酵所需的酒母，根据具体操作不同分为速酿酒母和高温糖化酒母。首先从传统的淋饭酒醅或黄酒醅中分离出性能优良的黄酒酵母菌种，如目前使用的 723号、501 号、醇 2 号等都是香味好、繁殖快、发酵力强、产酸少的优良菌种，然后通过试管、三角瓶、酒母罐等逐级扩大培养而成，纯种酒母培养不受季节限制，所需设备少，操作时劳动强度低，很适合新工艺大罐发酵黄酒的生产，对稳定黄酒成品的质量具有重大意义。

纯种酒母常在不锈钢或 A3 钢制的酒母罐中培养，该罐为圆柱锥底形状，圆柱部分直径与高度之比为 1∶1，并有夹套或蛇管调节温度，也可设置搅拌装置或无菌空气通风管，以进行搅拌并增加溶氧，促进酵母生长繁殖。每个酒母罐的有效容积最好为每个前发酵罐有效容积的 1/10，以便于控制酒母醪的用量。

（1）速酿酒母　速酿酒母是一种仿照黄酒生产方式制备的双边发酵酒母，而它的制作周期比淋饭酒短得多，它在醪中添加适量乳酸，调节 pH 值，以抑制杂菌的繁殖。

① 配比　制造酒母的用米量为发酵大米投料量的 5%左右，米和水的比例在 1∶3 以上，麦曲用量为酒母用米量的 12%～14%（纯种

曲），如用自然培养的块曲则用 15%。

②　投料方法　先将水放好，然后把米饭和麦曲倒入罐内，混合后加乳酸调节 pH 值在 3.8～4.1，再接入三角瓶酒母，接种量 1%左右，充分搅拌，保温培养。

③　温度管理　入罐品温视气温高低而定，一般掌握在 25～27℃。入罐后 10～12h，品温升到 30℃，进行开耙搅拌，以后每隔 2～3h 搅拌一次，或通入无菌空气充氧，使品温保持在 28～30℃。品温过高时必须冷却降温，否则容易升酸，酒母衰老。总培养时间为 1～2 天。酒母质量要求酵母细胞粗壮整齐，酵母浓度在 3×10^8 个/mL 以上，酸度在 0.24g/mL 以下，杂菌数每个视野不超过 2 个，酒精含量 3%～4%。

(2) 高温糖化酒母　制备这种酒母时，先采用 55～60℃ 的高温糖化，然后高温灭菌，培养液经冷却后接入酵母，扩大培养，以便提高酒母的纯度，避免黄酒发酵的酸败。

①　糖化醪配料　以糯米或粳米做原料，使用部分麦曲和淀粉酶制剂，每罐配料：大米 600kg，曲 10kg，液化酶（3000U）0.5kg，糖化酶（15000U）0.5kg，水 2050kg。

②　操作要点　预先在糖化锅内加入部分温水，然后将蒸熟的米饭倒入锅内，混合均匀，加水调节品温在 60℃，控制米：水>1：3.5，再加一定比例的麦曲、液化酶、糖化酶，于 55～60℃ 糖化 3～4h，使糖度达 14～16°Bx。糖化结束，将糖化液升温到 90℃ 以上，保温杀菌 10min，再迅速冷却到 30℃，转入酒母罐内，接入酒母醪容量 1% 的三角瓶酵母培养液，搅拌均匀，在 28～30℃ 下培养 12～16h 即可使用。

③　酒母成熟醪的质量要求　酵母浓度>（1～1.5）亿个/mL，芽生率 15%～30%，杂菌数每个视野<1.0 个，酵母死亡率<1%，酒精含量 3%～4%，酸度 0.12～0.15g/100mL。

(3) 稀醪酒母　此法主要是减少了渗透压对酵母繁殖的影响，加快酒母的成熟速度，培养时间短，酵母强壮。

①　原料蒸煮糊化　大米先在高压蒸煮锅内加压蒸煮糊化，

米：水为 1∶3，在 0.294～0.392MPa 压力下保持 30min 糊化。

② 高温糖化　糊化醪从蒸煮锅压入糖化酒母罐，边冷却边加入自来水稀释，成为米：水达 1∶7 的稀醪，当品温降到 60℃时，加入米量 15% 的糖化曲。静止糖化 3～4h，使糖度达 15～16°Bx。

③ 灭菌、接种　糖化结束，将糖化醪加热到 85℃，保温灭菌 20min，然后冷却到 60℃左右，加入乳酸调 pH 值为 4 左右，继续冷至 28～30℃，接入三角瓶酵母培养液，培养 14～16h。

④ 酒母成熟醪质量要求　酵母浓度 3×10^8 个/mL，芽生率＞20%，耗糖率 40%～50%，杂菌数和酵母死亡率几乎为零。

使用纯种酵母酿酒，可能会出现黄酒香味淡薄的缺点。为了克服这一缺点，可采用纯种根霉和酵母混合培养的阿明诺法，也可试用多种优良酵母混合发酵来进行弥补。

第三章

果酒生产工艺与配方

第一节　果酒生产工艺

　　每一种水果在其酿酒过程中都有自己的特点，但许多工艺操作所遵循的原则是相通的，在此先把这些共同的原则简要提及，以防后面具体工艺部分赘述。另外建议在生产某一种果酒之前，首先做小型试验，然后再进行生产。果酒生产工艺流程见图 3-1。

皮渣　　　　　　　　果酒酵母

水果→选择与清洗→破碎→澄清→调整成分→控温发酵→倒酒→贮酒

成品酒←包装←装瓶←调配←过滤←冷冻←净化处理

图 3-1　果酒生产工艺流程

一、原料预处理

1. 原料选择和清洗

　　选择充分成熟、新鲜、无腐烂、无病虫害、含糖量高、出汁率高的原料，水少渣多的品种不适合酿酒。一般用于酿造的水果原料要求完全成熟、糖酸比适宜、果香浓郁。对原料要进行基本的成分分析如总糖、还原糖、总酸、pH 值及其他的营养成分等。必要时进一步测定其有机酸的种类以确定其主体酸的种类和含量。基本成分分析的目的是为以后糖度调整、酸度调整与果酒酵母营养成分调整做准备。用清水将水果冲洗干净、沥干。

2. 破碎

　　将挑选清洗后的水果用破碎机打成合适大小的均匀小块。将破碎的水果迅速泵入压榨机中进行压榨。果实破碎程度会影响出汁率，破碎后的颗粒太大出汁率低，破碎过度颗粒太小，则会造成压榨时外层的果汁很快地被压榨出，形成了一层厚皮，而内层果汁流出困难，反而降低了出汁率。破碎程度视果实品种而定，破碎果块大小可以通过调节机器来控制，如用辊压机破碎，即可调节轴辊的轧距。苹果、梨等用破碎机破碎时，破碎后大小以 3～5mm 为宜。

容易氧化的水果原料，可以在破碎时添加 SO_2 以防止其褐变。SO_2 具体的添加量应根据果汁（浆）的 pH 值来确定。不易氧化褐变的水果原料在破碎前后添加均可。因为果汁（浆）的 pH 值会影响 SO_2 的存在形式。果汁（浆）中约含 1.5mg/L 的分子 SO_2 时可抑制大多数野生酵母和细菌的生长。所以在果汁（浆）pH 值 3.8 时需要加入游离 SO_2 150mg/L；pH 值 3.3 时需加入游离 SO_2 50mg/L。所以在添加 SO_2 之前应该测定果汁 pH 值，果实含酸低，pH 值高，SO_2 用量就多。SO_2 添加量也受果汁其他成分的影响，如 SO_2 与果汁成分如糖、色素等物质结合生成结合态 SO_2，因此果汁含糖、色素多，SO_2 用量就多。气温高，果汁中微生物含量高，果汁被污染的潜在危险大，SO_2 用量也多。

二、静置澄清和成分调整

1. 静置澄清

用不锈钢饮料泵将果汁注满澄清罐后，计量。若果汁的 pH 值高于 3.8，用其主体酸调整其果汁的 pH 值至 3.8 以下。添加 SO_2、果胶酶，必要时添加淀粉酶，抑制微生物生长，分解果汁中的果胶与淀粉。最好将果汁温度降温至 10～15℃，以加速果汁澄清，防止微生物生长。果汁澄清后，将澄清的果汁泵入发酵罐中发酵。果汁的澄清处理方法可参阅葡萄汁和白葡萄酒的相关部分。检测果汁成分，包括糖、酸、pH 值等，根据产品要求确定所需加酸、白砂糖、浓缩汁或淀粉糖浆的量。

2. 调整成分

果汁入罐量不应超过罐有效容积的 85%，以免发酵液溢出罐顶，每罐尽量一次装足，不得半罐久放，以免杂菌污染。入罐后计量果汁的量，对果汁成分进行调整。将计算所得的糖在罐外完全溶解后，泵入果汁中，混匀后再加入酵母。也可先加入酵母，在水果汁发酵起来后再补加糖。水果汁起发的标志是发酵液混浊，在液面升起泡沫。

（1）调糖　如果原料含糖量达不到成品酒的酒度要求，需要对果汁（浆）的含糖量进行调整，一般使用白砂糖进行调整。白砂糖添加量一般是根据果汁糖度和成品果酒酒度来计算。如果成品果酒要求酒度 11%，果汁重 W（kg），果汁的潜在酒度 A＝果汁糖度（g/L）÷17；加糖量（kg）＝（11－A）×1.7%×W。可以在接种酵母前加糖，最好在酵母刚开始发酵时加糖。因为这时酵母菌正处于旺盛繁殖阶段，能很快将糖转化为乙醇。如果加糖太晚，酵母菌发酵能力降低，常常会发酵不彻底。由于白砂糖的密度比果汁重，在加糖时，应先用果汁将糖在发酵容器外充分溶解后，再添加到发酵容器中，否则未溶解的糖将沉淀在容器底部，乙醇发酵结束后糖也不能完全溶解，造成新酒的酒度偏低。

（2）调酸　在酿造果酒时，果汁（浆）pH 值宜在 3.0～3.8，pH 值高于 3.8 对抑制杂菌生长和保障果酒的感官品质均不利，应该添加适量有机酸将果汁（浆）的 pH 值调整到 3.8 以下，pH 值低有利于抑制杂菌提高 SO_2 的活性，但过低会影响果酒酵母菌的生长与发酵。因此果汁酸度或 pH 值不合适时就应对其进行适当调整。

三、控温发酵

应该根据水果和酒的特点选择适合该果酒酿造的专用果酒酵母。既可使用培养酵母，也可以使用活性干酵母。将活化后或培养好的酵母加入发酵罐中，混匀。发酵温度控制在 15～20℃，每天测定发酵液糖度或相对密度及温度，一般干酒总糖含量不再下降时发酵结束，此时发酵液液面平静，有少量 CO_2 溢出，酒液有酵母香与 CO_2 味，口尝口味纯正、无甜味。每种水果的最适发酵温度不同，具体应根据原料特征以及成品酒的要求来确定。发酵期间每天都应该测定发酵果汁含糖量和温度。酿造干型果酒时，酒中残糖不再降低时即为发酵终点，绝大多数情况下残糖含量不超过 4g/L。发酵指标达到要求后，立即降温至 10℃ 以下，促使酵母尽快沉淀，酒液澄清。必要时该阶段可在罐顶冲入 CO_2 或 N_2 将酒液与空气隔离，防止酒液氧化。

四、倒酒净化与过滤

1. 倒酒与贮酒

酒液澄清后立即倒酒，将澄清透明的酒液与酒脚分开。在倒酒过程中，补加 SO_2 使游离 SO_2 浓度为 30～40mg/L。自此以后的操作，都应将贮酒灌装满，液面用少量高度食用乙醇或蒸馏乙醇封口，尽量减少酒液与空气接触。贮酒容器可以使用不锈钢罐、橡木桶或其他惰性材料制成的罐如玻璃钢罐。贮酒管理同葡萄酒。大多数果酒中抗氧化物质含量少，酒液非常容易氧化，不适合长期陈酿，但发酵后陈酿时间不宜低于 3 个月，以促进酒液澄清，提高酒的非生物稳定性。一般要求 15℃ 以下陈酿，具体陈酿时间应该根据产品特点来确定，看陈酿期是否有利于果酒品质的改善。注意在陈酿前补充 SO_2。

2. 净化处理

若在发酵前，果汁已经经过了净化剂的净化处理，发酵后的酒可省略该步骤。若发酵前果汁未进行净化处理，该步骤则不能省略。果酒最佳净化剂为皂土。进行果汁（酒）澄清之前，要通过小试验选择最佳的澄清剂以及最适的添加量。一般颜色较浅的果酒较常用的澄清剂为皂土，澄清方法是先将皂土用 60～70℃ 水浸泡 24h，然后加入澄清的果酒配成 5%～10% 的悬浮液，边搅拌边加到酒中。加完后搅拌 20min，待 24h 后再搅拌一次，静置澄清。检查酒液，澄清良好时用硅藻土过滤机过滤，也可以采用错流过滤。果酒也可采用明胶-单宁法进行澄清处理。

3. 冷冻、过滤

果酒冷冻的目的是加速冷不溶性物质的沉淀析出，提高果酒的稳定性。具体操作是将果酒降温至酒液冰点以上 0.5～1℃，保温 1 周左右，具体冷处理时间应该通过果酒冷稳定性试验进行确定。冷处理后同温下过滤。果酒冰点的简单计算方法是果酒冰点（℃）=0.5×果酒的酒度。经过冷冻、过滤后，澄清的果酒进入下步操作。

五、调配、装瓶与灭菌

1. 调配

根据成品酒要求与需要配制的成品酒的量，计算出需要原酒、乙醇、糖、酸等的量。将各种组分在配酒罐中混匀。

2. 装瓶与灭菌

将调整好的果酒在装瓶前进行无菌过滤，过滤后的果酒应清亮透明、有光泽。对于 12% 以上的干酒，可采用无菌灌装，补加 SO_2 抑菌。为了防止果酒氧化，可以添加维生素 C。对于低度酒或甜型酒，可采用灌装后巴氏灭菌或热灌装。

六、注意事项

果酒生产必须建立健全完整的工艺卫生管理制度，做到文明生产。各车间、技术部门应明确工艺卫生职责，在关键工序设置醒目的卫生标志。

1. 添加剂

配制果酒所用的辅料（如二氧化硫、亚硫酸及盐类、明胶、鞣质、硅藻土、酒石酸钾、二氧化碳、柠檬酸等），必须符合食品卫生要求，不得使用工业级产品。

2. 调酒室

调酒室的容器、管道、工具等每次冷却后要刷洗干净，冷却前应按工艺卫生要求进行清洗，冷却温度要按工艺要求控制。调酒室内必须保持良好的通风和采光，地面应保持清洁，每周至少刷洗一次。

3. 发酵工艺卫生

（1）发酵室（池）及酵母培养室　发酵室（池）及酵母培养室的设备、工具、管路、墙壁、地面要保持清洁，避免生长真菌和其他杂菌。贮酒室（池）、滤酒室、洗棉室的机器、设备、工具、管路、墙壁、地面要经常保持清洁，定期消毒。前后发酵要按工艺要求做好卫生管理。

（2）过滤设备和盛装容器　过滤棉、硅藻土、过滤机的纸板应符合卫生要求。盛装和转运原酒的容器所用涂料，必须符合卫生标准并严格按工艺要求进行涂刷。

（3）配料标准化　各种原料、辅料应严格按照标准化配方投料，以保证成品酒达到合格标准。

（4）地下贮酒室　地面要保持清洁、无积水、无异味，墙壁无真菌生长，下水沟畅通。每周至少消毒、灭菌一次。盛酒容器保持清洁。

（5）露天缸　露天发酵缸及贮酒缸等要保持清洁，缸顶应加盖，出酒口应有卫生防护装置，使用前要严格清洗消毒。露天缸应有严格的管理制度和防火、防雨措施，缸群周围应有围墙，应砌水泥地面，以便于清扫和清洗，并保持卫生清洁。

（6）化糖室　室内应清洁，地面应干净、无糖迹、污物，墙壁应用浅色瓷砖砌成，室内应设通风防尘设施，化糖锅须用符合食品卫生标准的材料制成，工作后应将工作场所及用具清洗干净。冷冻果酒所用的容器必须用不锈钢材料制成，做到防腐蚀、防真菌。冷冻间内应经常清洗、消毒，保持清洁，无异味、无真菌孳生。冷冻容器应定期消毒和清洗。

4. 包装和贮运卫生

（1）包装容器材料　包装果酒的容器材料必须符合《中华人民共和国食品安全法》的有关规定和本规范的要求。

① 容器的检查　对包装容器应制定检查方法和标准。所用容器必须经检验合格后方可使用。

② 酒瓶的清洗　硬质酒瓶（瓷瓶）在洗刷前，应先去除瓶中杂物。硬质酒瓶在装酒前，应经过清水浸泡、碱水刷洗、清水冲洗、沥干、空瓶检验的清洗流程。使用回收酒瓶，必须经过严格的检查和洗刷处理，清洗流程为热水浸泡，碱水刷洗，清水浸泡，清水冲洗，沥干，空瓶检验。

③ 酒瓶的使用　在厂内不得使用空酒瓶盛放其他物品或用于其他用途，更不得盛放有害物，以免误入生产线造成不良后果。所用酒瓶在生产中尽量避免碰撞，以免损坏瓶口而影响封口质量。在灌装车

间只能存放即将使用的酒瓶，灌装后应立即将生产线上的酒瓶收回，以免被污染。打扫车间时，必须移去或遮盖好生产用酒瓶。

（2）灌酒、压盖

① 灌酒操作人员在操作前必须洗手。

② 灌酒机、压盖机使用前必须按工艺要求进行清洗，机械压盖或人工封口，必须保证不渗不漏。

③ 每次灌装的成品酒，必须按工艺要求连续装完，没有装完的酒应有严密的贮存防污染措施。

（3）灭菌 果酒生产必须执行严格的灭菌工艺要求。

（4）包装标志、运输和保管 瓶装酒须装入绿色或棕色或无色玻璃瓶中，要求瓶底端正、整齐，瓶外洁亮。瓶口封闭严密，不得有漏气、漏酒现象。酒瓶外部要贴有整齐干净的标签，标签上应注明酒名称、酒度、精确度、含原汁酒量、注册商标、生产厂、生产日期及代号，并严格执行国家有关标签管理的规定。包装箱外应注明酒名称、毛重、包装尺寸、瓶装规格、生产厂及防冻、防潮、防热、小心轻放、放置方向的符号和字样。包装的果酒，允许在0～35℃温度条件下运输和管理。运输、保管过程中不得潮湿，不得与易腐蚀、有气味的物质放在一起，保管库内应清洁干燥，通风良好，不允许日光直射，用软木塞封口的果酒必须卧放。

5. 质量检验

果酒厂必须制定健全的质量检验制度，设有与生产能力相适应的质量检验机构，配备经专业培训考核合格的质量检验人员。检验机构应具备评酒室、检验室、无菌室、检测室及必要的仪器设备。检验机构应按规定的标准检验方法及检验规则进行检验，凡不符合标准的产品一律不准出厂。各项检验记录应予编号存档，保存期为3年，以备考察。

第二节 果酒酿造

一、红葡萄酒

红葡萄酒酿造，是将红葡萄原料破碎后，使皮渣和葡萄汁混合发醉。在红葡萄酒的发酵过程中，将葡萄糖转化为乙醇的发酵过程和固体物质的浸取过程同时进行。通过红葡萄酒的发酵过程，将红葡萄果浆变成红葡萄酒，并将葡萄果粒中的有机酸、维生素、微量元素及单宁、色素等多酚类化合物，转移到葡萄原酒中。红葡萄原酒经过贮藏、澄清处理和稳定处理，即成为精美的红葡萄酒。

1. 工艺流程

红葡萄酒酿造工艺流程如图 3-2 所示。红葡萄酒的生产工艺、发酵工艺很重要。发酵过程的顺利进行，就奠定了红葡萄酒的质量基础。

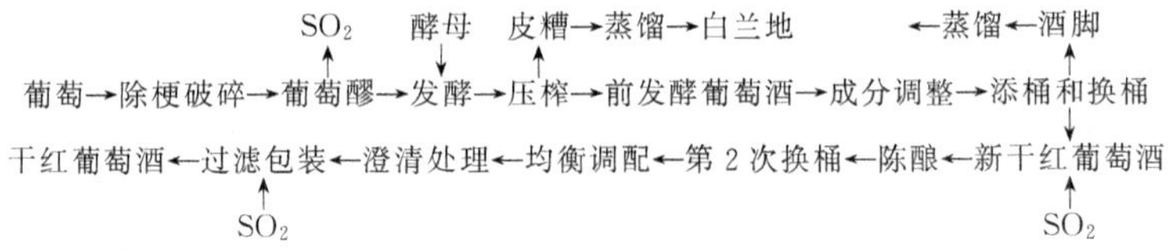

SO_2　酵母　皮糟→蒸馏→白兰地　　　←蒸馏←酒脚

葡萄→除梗破碎→葡萄醪→发酵→压榨→前发酵葡萄酒→成分调整→添桶和换桶

干红葡萄酒→过滤包装←澄清处理←均衡调配←第 2 次换桶←陈酿←新干红葡萄酒

↑SO_2　　　　　　　　　　　　　　　　　　　　　　　↑SO_2

图 3-2　红葡萄酒酿造工艺流程

2. 操作要点

（1）采收　对于大量生产的葡萄酒，葡萄浆果达到生理成熟期，就应该采收、加工。对于制作有特种要求的葡萄酒，例如做冰葡萄酒，贵腐葡萄酒或制作高酒度、高糖度的葡萄酒来说，需要采收过成熟期的葡萄。

（2）破碎加工　成熟的葡萄采收后，要尽快送到加工地点，进行破碎加工，尽量保证破碎葡萄的新鲜度。葡萄破碎的目的，是使葡萄果粒破裂而释放出果汁。对红葡萄酒加工而言，一般要求非常高的果粒破碎率和除梗率。在进行葡萄破碎时，要同时按葡萄重量加入50～60mg/kg 的 SO_2，可以亚硫酸的形式加入，或随着葡萄破碎机一起加入，或随破碎后的葡萄浆加入。加入的 SO_2 一定要均匀。它对防止杂菌和野生酵母的繁殖，保证葡萄酒酵母菌的纯种发酵很重要。

（3）前发酵　红葡萄酒的发酵容器多种多样。现代国内外普遍采用不锈钢发酵罐。也有用碳钢罐，必须进行防腐涂料处理，或者用水泥池子，经过防腐涂料处理。传统的生产方法，红葡萄酒发酵是在橡木桶内进行的。红葡萄酒的发酵容器可大可小，由企业的生产规模来决定。小的发酵容器是几吨或十几吨，大型发酵容器每个几十吨或一百多吨。按工艺要求，红葡萄酒的发酵温度应控制在 20～30℃范围。由于红葡萄酒发酵时要产生大量热量，特别是大型的发酵容器，必须有降温条件，才能把发酵温度控制在工艺要求的范围内。

红葡萄经过破碎除梗，葡萄浆被活塞泵或转子泵输送到发酵容器里。装入发酵罐容积的 80%，并精确计量。装罐结束后，进行一次开放式倒罐（100%），并利用倒罐的机会，加入果胶分解酶、活性干酵母和优质单宁。也可用橡木素（即橡木粉）代替优质单宁。现代最先进的发酵红葡萄酒的工艺如下。

① 葡萄破碎入罐（加入 50～60mg/kg 的 SO_2）。

② 加入果胶酶（用量 30～50mg/L）。

③ 加入活性干酵母及酵母的营养素（干酵母用量 200mg/L，$NH_4H_2PO_4$ 用量 300mg/L）。

④ 自发酵开始 24h 加入单宁（200～250mg/L）。

红葡萄酒浸渍发酵的温度控制在 20～28℃。从接入酵母菌开始，每天开放式倒罐 2 次，每次倒罐量 50%。倒罐时应喷淋整个皮渣的表面，测温度、相对密度，绘制发酵曲线，并根据发酵曲线，及时调整发酵过程的控制。

加活性干酵母的方法是，将每千克活性干酵母加入 10L 的 35～38℃纯净水里，再加入 1kg 白砂糖，不停地搅拌。待酵母开始再生，有大量的泡沫冒起来时，加入酵母液容量 5 倍的葡萄浆，混合后用泵打到酒罐的上面。

如果葡萄浆的实际含糖量在 200g/L 以上，这样的葡萄浆发酵成红葡萄酒后，酒度自然就能达到 12°或 12°以上。这种葡萄浆不需要补充糖。如果葡萄浆的实际含糖量在 200g/L 以下，为了发酵生成12°的原酒，在红葡萄浸渍发酵过程中，要补加白砂糖。

从理论上讲，加入 17g/L 蔗糖可以使酒度提高 1°。加糖的方法是，先将需添加的蔗糖在部分葡萄汁中溶解，然后加入发酵罐中。添加蔗糖以后，必须倒 1 次罐，使加入的糖均匀分布在葡萄汁中。

添加蔗糖的时间最好在发酵最旺盛的时候，即当葡萄汁的糖度消耗一半时。可将需要添加的蔗糖一次性加入。葡萄酒前发酵过程主要完成的生化反应是酵母菌把葡萄糖和果糖转化成乙醇和二氧化碳的过程。

乙醇发酵的主要副产物有甘油、乙醛、乙酸、琥珀酸、乳酸，还有多种高级醇和酯类。

按国外最新的工艺发酵红葡萄酒，前发酵时需要添加活性干酵母，果胶分解酶，单宁或橡木素。这对提高和保证红葡萄酒的质量是非常重要的措施。有选择的加入活性干酵母，能保证发酵过程的纯正性，可改善红葡萄酒的风味，提高红葡萄酒的色泽。加入果胶分解酶，有利于提取葡萄皮中的色素，并能提高出汁率。前发酵时添加单宁或橡木素，能有效地保护红葡萄酒中的色素，使红葡萄酒的色素更稳定，并能改善红葡萄酒的口味，增加结构感。传统的工艺发酵红葡萄酒，没有以上的添加物质，靠葡萄果粒上附着的野生酵母自然发酵。

红葡萄酒的前发酵过程，是酵母菌把糖变成乙醇的发酵过程，是翻江倒海的急剧发酵，需要 6～7 天的时间。当发酵汁含残糖量达到 5g/L 以下时，进行皮渣分离，把分离出来的自流汁合并到干净的容器里，满罐存贮。分离后的皮渣立即压榨，对压榨汁单独存放。

（4）后发酵　并罐后的自流汁，残糖含量在 5g/L 以下，其中的酵母菌还将继续进行乙醇发酵，使其残糖进一步降低。这个时候的原酒中残留有口味比较尖酸的苹果酸，必须进行后发酵过程，也叫苹果酸-乳酸发酵过程。这个过程须在保持 20～25℃ 条件下，经过 30 天左右才能完成，除去葡萄酒中所有的微生物，才称得上名副其实的红葡萄酒。

在成熟的葡萄果粒中，自然要残留一部分苹果酸。随着葡萄的加工过程，苹果酸要转移到前发酵完成后的葡萄原酒中。传统的工艺生产红葡萄酒，苹果酸-乳酸发酵（Malolactic fermentation，MLF）是自然进行的。成熟的葡萄果粒上，不仅附着酵母菌，也附着有乳酸细菌。随着葡萄的加工过程，葡萄皮上的乳酸细菌转移到葡萄醪中，又转移到前发酵以后的葡萄原酒中。现在红葡萄酒苹果酸-乳酸发酵,大多采用人工添加乳酸细菌的方法,人为地控制苹果酸-乳酸发酵。首先人们选择那些能适应葡萄酒条件的乳酸菌系,将它们工业化生产成活性干乳酸菌。活性干乳酸菌可以经过活化以后,接种到葡萄酒中。也有的活性干乳酸菌,不经过活化处理,就可以直接接种到葡萄酒中。

人工发酵要求的工艺条件与苹果酸-乳酸自然发酵控制的条件一样,都需要控制下列工艺条件:葡萄破碎时加入 $60mg/kg$ 的 SO_2;前发酵完成后并桶,保持容器的"填满"状态,严格禁止添加 SO_2 处理;保持贮藏温度在 $20\sim25℃$。在上述条件下,经过 30 天左右,就自然完成了苹果酸-乳酸发酵。

葡萄酒苹果酸-乳酸发酵研究奠定了现代葡萄酒工艺学的基础。要生产优质红葡萄酒,首先是酵母菌完成对糖的前发酵,然后是乳酸菌完成将苹果酸转化成乳酸的后发酵。当葡萄酒中不再含有糖和苹果酸时,葡萄酒才具有生物稳定性,必须立即除去葡萄酒中所有的微生物。

(5) 贮藏和陈酿　红葡萄原酒后发酵完成后,要立即添加足够量的 SO_2。一方面能杀死乳酸细菌,抑制酵母菌的活动,有利于原酒的沉淀和澄清。另一方面,SO_2 能防止原酒的氧化,使原酒进入安全的贮藏陈酿期。

根据酿酒葡萄的品种不同,特别是市场消费者对红葡萄酒产品的要求不同,决定红葡萄酒贮藏陈酿的时间长短。每一种葡萄酒,发酵刚结束时,口味比较酸涩、生硬,为新酒。新酒经过贮藏陈酿,逐渐成熟,口味变得柔协、舒顺,达到最佳饮用质量。再延长贮藏陈酿时间,饮用质量反而越来越差,进入葡萄酒的衰老过程。从贮藏管理操作上讲,一般应该在后发酵结束后,即当年的 $11\sim12$ 月份,进行 1 次分离倒桶。把沉淀的酵母和乳酸细菌(酒脚、酒泥)分离掉,清酒倒入另一个干净容器里满桶贮藏。第 2 次倒桶要等到来年的 $3\sim4$ 月份。经过一个冬天的自然冷冻,红原酒中要分离出不少的酒石酸盐沉淀,把结晶沉淀的酒石酸盐分离掉,有利于提高酒的稳定性。第 3 次倒要等到第 2 年的 11 月份。在以后的贮藏管理中，每年的 11 月份倒 1 次桶即可。

红葡萄酒的贮藏陈酿容器各种各样，大致可分成两类。一类是不对葡萄酒的风味和口味造成影响的贮藏容器，如不锈钢、涂防腐涂料的碳钢桶、涂防腐涂料的水泥池等。这类贮藏容器，多数是大型容器，小的容器也有几十吨，大的容器每个几百吨、上千吨。这类容器的特点是不渗漏，不与酒反应，结实耐用，易清洗，使用方便，价格低廉。红葡萄酒贮藏在这种大型的容器里，自然要发生一系列的化学反应和物理-化学反应，使葡萄酒逐渐成熟。另一类贮酒容器，其有效成分要浸溶到红葡萄酒里，影响红葡萄酒的风味和口味，直接参入葡萄酒质量的形成。如橡木桶容器贮藏葡萄酒，橡木的芳香成分和单宁物质浸溶到葡萄酒中，构成葡萄酒陈酿的橡木香和醇厚丰满的口味。要酿造高质量的红葡萄酒，特别是用赤霞珠、蛇龙珠、品丽珠、西拉等品种，酿造高档次的陈酿红葡萄酒，必须经过橡木桶或长或短时间的贮藏，才能获得最好的质量。

橡木桶不仅是红葡萄原酒贮藏陈酿容器，更主要的它能赋予高档红葡萄酒所必需的橡木的芳香和口味，是酿造高档红葡萄酒必不可缺少的容器。由于橡木桶中可浸取的物质是有限的。一个新的橡木桶，使用 4～5 年，可浸取的物质就已经贫乏，失去使用价值，需要更换新桶。而橡木桶的造价又是很高的，这样就极大地提高了红葡萄酒的成本。

最近几年，国内外兴起用橡木片浸泡红葡萄酒，代替橡木桶的作用，取得很好的效果。经过特殊工艺处理的橡木片，就相当于把橡木桶内，与葡萄酒接触的内表层刮成的片。凡是橡木桶能赋予葡萄酒的芳香物质和口味物质，橡木片也能赋予。橡木片可按葡萄酒的 2/1000～4/1000 数量进行添加，加入到大型贮藏红葡萄酒的容器里，不仅使用方便，生产成本很低，而且能极大地改善和提高产品质量，获得极佳的效果。

(6) 澄清与过滤　葡萄酒的澄清，分自然澄清和人工澄清两种方法。

①自然澄清　新酿成的红葡萄酒里悬浮着许多细小的微粒，如死亡的酵母菌体和乳酸细菌体、葡萄皮、果肉的纤细微粒等。在贮藏陈酿的过程里，这些悬浮的微粒，靠重心的吸引力会不断沉降，最后沉淀在罐底形成酒脚（酒泥）。罐里的葡萄酒变得越来越清。通过一次次转罐、倒桶，把酒脚（酒泥）分离掉，这就是葡萄酒的自然澄清过程。

②过滤（人工澄清）　红葡萄酒单纯靠自然澄清过程，是达不到商品葡萄酒装瓶要求的。必须采用人为的澄清手段，才能保证商品葡萄酒对澄清的要求。

（7）红葡萄酒的稳定性处理　澄清的红葡萄酒装瓶以后，经过或长或短时间的存放，会发生混浊和沉淀。葡萄酒生产者的任务，就是要通过合理的工艺处理，使装瓶的红葡萄酒，在尽量长的时间里，保持澄清和色素稳定。

（8）装瓶与包装　葡萄酒的装瓶与包装，是葡萄酒生产的最后一道工序，也是最重要的一道工序。红葡萄酒装瓶前，首先检验装瓶酒的质量。经过理化分析，微生物检验和感官品尝，各项指标都合格，才能进入装瓶过程。

为了延长瓶装红葡萄酒的稳定期，防止棕色破败病，红葡萄酒装瓶以前，要加入 30～50mg/L 的维生素 C。一天能装多少酒，就加多少维生素 C，加维生素 C 的红葡萄酒必须当天装完。装红葡萄酒的玻璃瓶，国内外通用波尔多瓶，即草绿色有肩玻璃瓶，容量为 750mL。新瓶必须经过清洗才能装酒。回收旧瓶，必须经过灭菌和清洗处理，才能装酒。葡萄酒的灌装，对小型的葡萄酒厂，可采用手工灌装。中型或大型的葡萄酒厂，都采用果酒灌装机进行灌装。

对于装瓶后立即投入市场，短时间里就能消费的红葡萄酒，可采用防盗盖封口，这样成本低。国内外大多数红葡萄酒，都是采用软木塞封口，软木塞封口比较严密，可以延长瓶装红葡萄酒的保存期限。所谓葡萄酒的包装，就是对装瓶、压塞的葡萄酒，进行包装，使其成为对顾客有吸引力的商品。葡萄酒的包装，主要是加热缩帽、贴大标、贴背标、装盒、装箱等。

二、白葡萄酒

酿造白葡萄酒应选用白葡萄或红皮白肉葡萄，经破碎除梗、压榨、果汁澄清、控温发酵、陈酿及后处理而成。佐餐白葡萄酒包括水果芳香型（雷司令、琼瑶浆及麝香），这类白葡萄酒有突出的品种香与水果香，如雷司令干白葡萄酒、贵人香干白葡萄酒；桶龄型，发酵结束后在橡木桶中贮存一段时间，如莎当妮干白葡萄酒；酵母型，发酵好的原酒在酵母泥上陈酿一段时间，再进行后续操作，如长相思干白葡萄酒，该类白葡萄酒在乙醇发酵结束后进行了苹果酸-乳酸发酵（MLF）。

1. 工艺流程

白葡萄酒酿造工艺流程如图 3-3 所示。

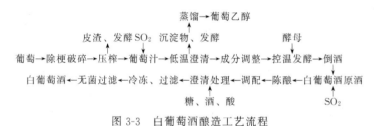

图 3-3　白葡萄酒酿造工艺流程

2. 操作要点

（1）白葡萄品种选择　用于酿造白葡萄酒的优良白葡萄品种有霞多丽、琼瑶浆、白雷司令、长相思、白麝香、灰雷司令、白品乐、米勒、白诗南、赛美蓉、西万尼、贵人香。一般的白葡萄品种有白羽、白玉霓，另外有时也用红葡萄龙眼、玫瑰香做白葡萄酒。白葡萄的品种香对酒的感官质量具有重要影响，如雷司令、琼瑶浆、麝香葡萄赋予白葡萄酒相应的突出的品种香。白葡萄比红葡萄更耐寒冷的气候，其收获期可长达 2 个月之久。因此酿造白葡萄酒时，应在葡萄香气最浓，含糖、酸最适宜时采摘。温暖地区的葡萄成熟时酸度较低，可考虑在葡萄压榨时加酸，或在香气达到要求前、酸度适宜时采摘。另外，白葡萄比红葡萄更抗病害，某些白葡萄染菌后甚至可以改善葡萄酒质量，如贵腐葡萄酒。

（2）**除梗破碎**　酿造白葡萄酒时，由于采用果汁发酵，因此，根据使用的压榨设备与产品要求，可以除梗破碎，也可以不破碎。需要破碎时施力要温和，只将果皮挤破即可。必要时对破碎葡萄进行冷浸提。

（3）**压榨**　连续螺旋式压榨机可连续进出料，生产效率高，结构简单，维修方便，价格低，但在压榨过程中会撕破果皮，高档果汁只能取 50% 左右。气囊式压榨机在压榨过程中气囊缓慢施压，压力分布均匀，而且是由里向外垂直施压，获得的果汁质量最高。该设备配人工智能装置，根据原料情况自行调节压力，出汁率选择性强。框式压榨机有自控装置，机械化程度高，施压均匀、缓慢，榨出汁固形物含量少，质量好，压榨机的框由玻璃纤维制成，易清洗，耐腐蚀，适宜于大量生产时用，但一次性投资大。果汁分离机对果浆施压小，葡萄汁中残留果肉等纤维物质少，有利于澄清，汁、渣分离快，生产效率高，减少了汁与空气的接触时间。但出汁率低（50%），多与压榨设备联用或用剩余皮渣生产白兰地。

（4）**低温澄清**　发酵前澄清葡萄汁有利于保留葡萄的品种香，减少杂醇的形成；沉淀多酚氧化酶，减少汁的酶促氧化；减少 H_2S 的生成。但澄清操作会除去 90% 的脂肪酸，以及大部分甾醇，会因此降低乙醇发酵速度，延迟苹果酸-乳酸发酵，降低酵母活力，以及使乙醇发酵过程中产生过多的乙酸等，后者还会生成阈值更低的乙酸乙酯。产乙酸多的部分原因是除去了多酚，因为多酚与不饱和脂肪酸结合后会抑制酵母产生乙酸。用于发酵白葡萄酒的葡萄汁不能太清。

葡萄汁乙醇发酵的完成通常伴随着适量水果酯和高级醇的形成，清汁中的固形物含量一般为 0.1%～0.5%。在法国酿造香气馥郁的白葡萄酒时，固形物含量高达 5%～10%。在发酵过程中，固形物吸收有毒羧酸，为发酵微生物提供基本营养。汁中胶体物质的含量直接影响胞外大分子生成与释放。白葡萄汁澄清方法简介如下。

① **自然澄清**　通常白葡萄汁在倒罐前允许自然澄清数小时，澄清时间一般为 12～24h。

② 添加澄清剂澄清　皂土和钾酪常用来澄清白葡萄汁。使用时皂土一般加在自然澄清之后，如此可减少沉淀体积，继而减少汁损失。有时某些沉淀物会在乙醇发酵时留在汁中，以提供重要的营养物质如甾醇和不饱和脂肪酸等。虽然皂土是最常用的澄清剂，但其对葡萄酒质量的影响一直在不断的争论之中。目前尚无法预测和控制皂土对重要的脂肪酸如棕榈酸、油酸、亚油酸、亚麻酸，以及角鲨烯和 β-谷甾醇的除去作用。钾酪一般只除去多酚。

③ 离心　离心时汁快速澄清，只除去悬浮物质，因此对汁的化学组成影响最小，虽然离心设备价格较贵，但可使葡萄汁迅速变清、汁的损失最小，所以使用越来越广泛。

④ 真空过滤　真空过滤技术会过多地除去固形物，使发酵周期变长、挥发酸过高。硅藻土过滤也可以用来澄清果汁。

⑤ 浮选澄清　浮选澄清法，与啤酒生产过程中冷却麦汁除冷凝固物相似，将空气、氮气或氧气通入果汁中。当气泡升至液面时，悬浮的固形物黏在气泡的表面而形成泡沫，将表面的泡沫撇去即可。该法的优点在于可以控制到要求的澄清程度。若需要也能促进汁的过氧化作用。

（5）成分调整　品质优良的酿酒葡萄糖度为 $18\sim24°$Bx、滴定酸 $6\sim8$g/L。而且小粒多汁的葡萄酿造出的白葡萄酒品种香最佳。当葡萄的糖、酸达不到酿酒要求时，应作适当的成分调整。

（6）添加剂与营养物的使用

① 酶制剂　在葡萄浆中添加果胶酶可提高葡萄出酒率，有利于果皮中香气成分的浸出，有利于葡萄酒的净化、澄清；必要时在发酵过程中添加 β-葡萄糖苷酶以水解糖苷键，释放萜烯。

② 添加 SO_2　健康葡萄汁中，添加 $50\sim100$mg/L 的 SO_2。过夜后添加酵母。贮酒与装瓶葡萄酒中 SO_2 浓度保持在 $20\sim30$mg/L。

③ 添加营养物　澄清后白葡萄汁的营养状态对酵母发酵尤为重要。自然澄清的白葡萄汁含 $3\%\sim4\%$ 固形物，不会影响发酵。采用强化澄清措施（如机械澄清）后，若固形物含量在 1% 以下，就有可能出现葡萄汁起发困难、发酵异常，产生异常水平的副产物，如乙

酸、丙酸与 H_2S。此时，应考虑添加营养物。

a. 铵盐 酵母对无机氮有良好的吸收能力，在酿造葡萄酒时，允许使用以酒石酸盐、氯化物、硫酸盐或磷酸盐等形式与铵离子结合的盐类。硫酸铵的用量不应超过 0.3g/L。

b. 维生素 葡萄汁缺乏泛酸，乙酸与甘油生成多；缺乏生物素、吡哆醛或肌醇，琥珀酸生成多；缺乏硫胺素，丙酮酸生成多，羟基磺酸生成也多。在葡萄酒生产中，常使用的维生素有硫胺素与泛酸。我国允许使用硫胺素，用量不应超过 0.6mg/L。在葡萄汁中加入硫胺素、铵盐等都能加速乙醇发酵，防止发酵过程中形成能与 SO_2 结合的物质，从而达到维持 SO_2 含量的目的。

c. 酵母菌皮与各种市售酵母营养剂 在葡萄汁中添加酵母菌皮可防止乙醇发酵停止。所用剂量不应超过 0.4g/L。使用市售酵母营养剂也能够保障乙醇发酵的顺利进行。在选用这些添加剂时，应符合国家有关法律法规的相关规定。

(7) 白葡萄汁发酵

① 发酵管理 发酵容器洗净灭菌，将调整成分后的清汁输入罐中，装量为85%。由于用于发酵的葡萄汁经过澄清，汁中的酵母较少，因此白葡萄酒一般采用添加酵母发酵。白葡萄酒发酵温度较红葡萄酒低，多为 10～20℃，最佳温度为 16～18℃，加入酵母进行密闭发酵。低温发酵的葡萄酒含有较多的水果酯，特别是新酒；高温发酵提高酒的馥郁性。绝大多数白葡萄酒必须控制发酵温度，而在这方面木桶发酵往往受到自身的限制。需要加糖时，多数情况下在葡萄汁起发时添加，以防高糖抑制酵母的生长、繁殖与发酵，若酵母的性能足够好，可在添加酵母时加糖。

白葡萄汁乙醇发酵过程中每天测温度与糖度 1～2 次，做好记录或绘制温度、糖度曲线，保证发酵温度恒定。发酵周期为 15 天左右或更长。与发酵红葡萄酒不同，在白葡萄酒发酵过程中应尽量避免过多地接触空气。采用终止发酵法生产白葡萄酒时，发酵液迅速冷却、过滤或离心除去酵母都可以使发酵停止，保留发酵液中的糖分。当然，冷却和除酵母后别忘了添加 SO_2。

② 白葡萄酒前发酵结束时的指标

a. 外观指标　发酵液液面平静，有少量 CO_2 溢出。酒液淡黄色、淡黄带绿或黄白色。酒液混浊，有悬浮酵母，有明显的果实香、酒香、CO_2 味及酵母味，口尝有刺舌感，口味纯正。

b. 理化指标　残糖≤4g/L；相对密度 1.01～1.02；挥发酸（以醋酸计）≤0.4g/L。

③ 降温　当各项指标达到要求后，迅速降温至 10～12℃，放置 1 周，沉降酵母。期间检查酒液澄清情况，达到要求后倒罐，分离酒脚。对需要进行苹果酸-乳酸发酵的白葡萄酒则不降温。苹果酸-乳酸发酵就是在乳酸细菌的作用下将苹果酸分解为乳酸和 CO_2 的过程。使酸涩、粗糙的酒变得柔软肥硕，提高酒的质量。苹果酸-乳酸发酵对酒质的影响受乳酸菌发酵特性、生态条件、葡萄品种、葡萄酒类型以及工艺条件等多种因素的制约。如果苹果酸-乳酸发酵进行的纯正，对提高酒质有重要意义，但乳酸菌也可能引起葡萄酒病害，使之败坏。有少数白葡萄酿造的酒，经过苹果酸-乳酸发酵后会改善质量、使酒的感官特征更为复杂，如霞多丽、长相思与白品乐。用果香突出的白葡萄酿造的白葡萄酒，进行苹果酸-乳酸发酵只会降低酒的品质。在某些葡萄酒产区，苹果酸-乳酸发酵有时作为降酸手段而必须进行，甚至是香葡萄品种，以使酒的品质更为优雅协调。同红葡萄酒一样，乳酸菌株与使用的容器对发酵结果具有重要影响。

④ 发酵记录　应记录的内容有葡萄汁入罐成分分析（总糖、总酸、pH 值、SO_2 等），原料品种、产地，入罐葡萄汁量，入罐时间，辅料用量及添加时间，澄清状况，发酵温度与糖度的变化，乙醇发酵完成后酒液去向，得酒液量等。

⑤ 卫生管理　经常检查发酵罐是否有发酵液溢出，万一有溢出应及时清理，以免污染杂菌。室内环境、地沟、地面及时清洗、灭菌，注意通风，保持室内环境卫生，空气新鲜。

（8）陈酿

① 陈酿方式

a. 不锈钢罐或其他惰性容器贮存　果香型白葡萄酒或其他不需

要桶贮的白葡萄酒一般在不锈钢罐或其他惰性容器中陈酿，且陈酿时间不宜过长，以保持酒新鲜的果香。

b. 橡木桶贮存　在木桶中陈酿的可以是澄清的新酒，也可以是带酒脚的混酒。混酒木桶陈酿时酒与酵母接触，并定期搅起已经沉淀的酵母，使酒带有坚果香气与柔滑或丰满的口感。另外，酒脚的存在影响酒的氧化还原电势，使酒更抗氧化。在酒脚上陈酿的另一个优点是白葡萄酒不会过度地吸收橡木味，而后者更易融入酒的特征中。

② 陈酿管理　陈酿时应满罐贮存，减少酒与空气的接触面积。此时酒中 CO_2 缓慢溢出，酒液减少，应每周用同质量的酒满罐 1 次或补充少量的 SO_2。安装好发酵栓或水封。陈酿期间应定期抽查原酒的澄清情况与总糖、总酸、挥发酸的变化，做好陈酿管理记录。另外陈酿期间应保持环境卫生，要求同前发酵。

不同的酒种对贮酒温度的要求不同。温度高，酒成熟快，但酒质粗糙，香气易损失；温度低，成熟慢，酒质细腻，澄清快，香气易保留。陈酿温度一般控制在 15℃ 以下，温度过高不利于新酒的澄清。果香型干白葡萄酒 8～11℃ 贮存。不同的葡萄酒贮存期也不同。白葡萄酒一般为 1～3 年，果香型干白为 6～10 个月。

（9）白葡萄酒酿造过程中的隔氧　在果香型白葡萄酒的整个生产过程中应积极采取隔氧措施，避免酒与氧过多接触。白葡萄浆、汁、酒中含有许多易氧化成分，如香气成分、单宁、色素。若在酿造期间不注意管理，易引起香气损失、酒液褐变，甚至出现氧化味。

① 选择适宜的采收期　在果香味最浓的时候采摘葡萄，防止过熟引起果实霉变，分泌出氧化酶，引起汁、酒褐变。

② 葡萄破碎时不添 SO_2。

③ 低温发酵　控制品温≤16～18℃。

④ 澄清果汁　沉淀氧化酶与易氧化的物质。

⑤ 避免与铜、铁器具接触。

⑥ 适时添加 SO_2。

⑦ 发酵前后充加惰性气体如 N_2、CO_2，以隔绝空气，密闭发酵。

⑧ 装瓶前添加抗氧剂，如 SO_2 与维生素 C 及其制品。

三、传统梨酒

1. 工艺流程

梨酒呈金黄色，清亮透明，具有梨的特有香气和独特的风格，滋味醇和柔协，酒体完整。梨酒的酿造工艺流程见图 3-4。

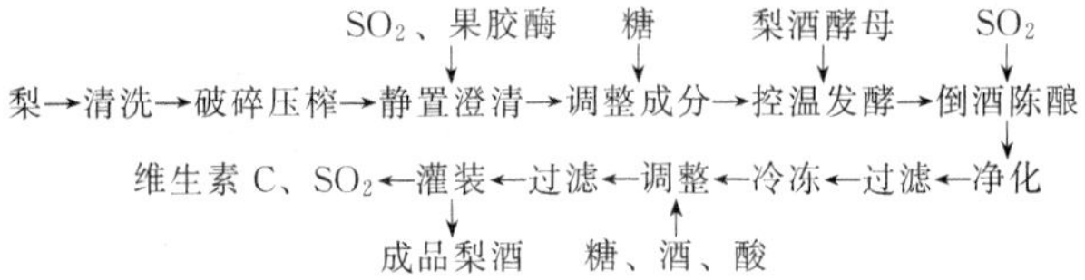

$$
\begin{array}{c}
\qquad\quad SO_2、果胶酶\qquad 糖\qquad\quad 梨酒酵母\qquad SO_2 \\
梨\to清洗\to破碎压榨\to静置澄清\to调整成分\to控温发酵\to倒酒陈酿 \\
\\
维生素 C、SO_2\to灌装\to过滤\to调整\to冷冻\to过滤\to净化 \\
\\
成品梨酒\qquad 糖、酒、酸
\end{array}
$$

图 3-4　梨酒的酿造工艺流程

2. 操作要点

（1）原料选择　选择充分成熟、新鲜、无腐烂、无病虫害、含糖量高、出汁率高的原料，而水少渣多的品种不适合酿酒。

（2）清洗　用清水将梨冲洗干净、沥干。

（3）破碎与压榨　用破碎机将挑选清洗后的梨打成直径为 3～5mm 的均匀小块。将破碎的梨块迅速泵入压榨机中进行压榨。榨出的梨汁再泵入澄清罐。

（4）静置澄清　果汁泵注满澄清罐后，计量。若梨汁的 pH 值高于 3.8，用其主体酸调整其果汁的 pH 值至 3.8 以下。添加 SO_2、果胶酶，必要时添加淀粉酶，抑制微生物生长，分解果汁中的果胶与淀粉。最好将果汁温度降温至 10～15℃，以加速果汁澄清，防止微生物生长。果汁澄清后，将澄清的梨汁泵入发酵罐中发酵。梨汁的澄清处理方法可参阅葡萄汁和白葡萄酒的相关部分。检测梨汁成分，包括糖、酸、pH 值等，根据产品要求确定所需加酸、白砂糖、浓缩汁或淀粉糖浆的量。

（5）调整成分　果汁泵入罐量不应超过罐有效容积的 85%，以免发酵液溢出罐顶，每罐尽量一次装足，不得半罐久放，以免杂菌污染。入罐后计量果汁的量，对果汁成分进行调整。加糖量计算好后，将计算所得的糖在罐外完全溶解后,泵入梨汁中,混匀后再加入酵母。也可先加入酵母,在梨汁发酵起来后再补加糖。梨汁起发的标志是发酵液混浊,在液面升起泡沫。

(6) 控温发酵　将活化后或培养好的酵母加入发酵罐中,混匀。发酵温度控制在 $15\sim20℃$,每天测定发酵液糖度或相对密度及温度,一般干酒总糖含量不再下降时发酵结束,此时发酵液液面平静,有少量 CO_2 溢出,酒液有酵母香与 CO_2 味,口味纯正、无甜味。发酵指标达到要求后,立即降温至 $10℃$ 以下,促使酵母尽快沉淀,酒液澄清。必要时该阶段可在罐顶冲入 CO_2 或 N_2 将酒液与空气隔离,防止酒液氧化。

(7) 倒酒与贮酒　酒液澄清后立即倒酒,将澄清透明的酒液与酒脚分开。在倒酒过程中,补加 SO_2 使游离 SO_2 浓度为 $30\sim40mg/L$。以后的操作,都应将贮酒灌装满,液面用少量高度食用乙醇或蒸馏乙醇封口,尽量减少酒液与空气接触。贮酒容器可以使用不锈钢罐、橡木桶或其他惰性材料制成的罐如玻璃钢罐。大多数梨酒中抗氧化物质含量少,酒液非常容易氧化,不适合长期陈酿,但发酵后陈酿时间不宜低于 3 个月,以促进酒液澄清,提高酒的非生物稳定性。

(8) 净化处理　若在发酵前,果汁已经经过了净化剂的净化处理,发酵后的酒可省略该步骤。若发酵前果汁未进行净化处理,该步骤则不能省略。梨酒最佳净化剂为皂土,澄清良好时用硅藻土过滤机进行过滤,也可以采用错流过滤。

(9) 冷冻、过滤　经过冷冻、过滤后,澄清的梨酒进入下步操作。

(10) 调配　根据成品酒要求与需要配制的成品酒的量,计算出需要原酒、乙醇、糖、酸等的量。将各种组分在配酒罐中混匀。具体计算及操作参阅第二章相关调配部分内容。

(11) 装瓶与灭菌　将调整好的梨酒在装瓶前进行无菌过滤,过滤后的梨酒应清亮透明、有光泽。

3. 注意事项

(1) 梨本身香气成分含量较少,所以在加工中应防止挥发损失。

添加SO_2有利于果酒原果香的保持。梨皮中含有多种芳香成分，带皮发酵的成品酒果香明显优于纯汁发酵。但发酵后取汁难度大，酒体粗糙。

（2）梨酒的酿造首先要注意防止梨汁、原酒氧化褐变，适时添加SO_2，使梨酒具有良好的感官效果。

（3）某些梨品种果实果胶含量高，破碎后直接取汁往往出汁率低，且汁液混浊，果汁用果胶酶处理可以提高出汁率，而且汁液清亮。

（4）梨属凉性水果，脾胃虚寒者吃梨会腹泻，梨酒多饮也易致腹泻。

四、刺梨果酒

1. 工艺流程

刺梨果酒生产工艺流程见图3-5。

偏重亚硫酸钾、酶制剂　　糖　　果酒酵母
　　　　　↓　　　　　↓　　　↓
刺梨→清洗→破碎→调整成分→发酵→后酵陈酿→下胶澄清→过滤→清酒液
　　　　　　　　　　　　　　　　　　　　　　　　　　　　　　↓
刺梨发酵酒←灭菌催熟←灌装←沉淀←调配

图3-5　刺梨果酒生产工艺流程

2. 操作要点

（1）果浆的制备　挑选新鲜成熟果洗净、破碎、去皮及核，装入密闭玻璃瓶中，巴氏灭菌10min，冷却后分别加入果浆重量0.05%的纤维素酶和果胶酶及0.015%的偏重亚硫酸钾，密封，50℃摇匀，酶解2h。

（2）果浆成分调整　用白砂糖液调糖度至25°Bx，同时加适量碳酸钾降酸，将果浆pH值调至3.5～4.0的酿酒酵母最适生理范围。

（3）酿酒酵母的活化　将酿酒酵母菌南阳5号在无菌环境下接种到新鲜PDA培养基上，25～28℃培养2天，即可得到活化好的酿酒酵母接种物用于扩大培养。

（4）酵母的扩大培养　将活化好的酵母菌接入50mL调整指标并

巴氏灭菌 10min 后的稀果汁中，在纱布封口的发酵瓶中，于 28℃ 进行一级扩大培养，至产生大量气泡，发酵旺盛时停止。并可根据需要进行转接扩大培养培养作为酒母。

（5）发酵 将果浆装入经高压蒸汽灭菌的发酵瓶，接入 8% 的酿酒酵母种子液摇匀，并用纱布封口，于 28℃ 发酵 6 天。期间每天摇瓶 2 次，将发酵的泡帽压入酒醅中，并注意观察发酵动态。至产气停止，糖度降至 1°Bx 左右时即结束发酵期。

（6）后酵陈酿 将酒、渣分离，酒液进行后酵（即陈酿），酒渣经蒸馏回收乙醇和酒糟。酒液后酵 10 天左右倒 1 次酒脚（渣），再次倒酒脚可间隔较长时间，直至无酒脚产生，即可进行下胶澄清。

（7）澄清 加入 0.5% 的热明胶溶液（用量同浸泡法），振摇 30min，再加入酒液体积 0.05% 的 Tween 80（聚山梨酯 80，用作乳化剂），25℃ 静止 7 天左右过滤，得澄清的果酒液，酒渣仍进行蒸馏。

（8）冷处理 上述澄清的酒液经长期低温贮存，又可能出现混浊，需事先在 −3～−5℃ 冷冻至混浊或产生沉淀，然后趁冷精滤除去。

（9）灭菌 将冷处理并精滤的酒液进行灌装并巴氏灭菌后，检测理化、卫生指标。

五、南果梨酒

1. 工艺流程

南果梨酒生产工艺流程见图 3-6。

白砂糖、酸 酵母

南国梨→清洗→榨汁→水解→成分调整→发酵→分离酒脚→调配→冷藏

南国梨酒←检验←巴士灭菌←装瓶←过滤

图 3-6 南果梨酒生产工艺流程

2. 操作要点

（1）原料处理 把南果梨洗净，切除腐烂部分，用配好的柠檬酸和柠檬酸钠溶液浸泡 2～3h 沥干备用。

（2）榨汁、破碎 把沥干的果梨放入榨汁机中榨汁，同时按

45mg/L 加入偏重亚硫酸钾。

（3）水解、过滤　榨好的汁渣与 0.2％的果胶酶混匀，在 45℃水浴锅中水解 5～6h，水解到糖度不再发生变化，用硅藻土过滤机过滤，得南果梨汁备用。

（4）酵母菌复水活化　将 1g 干酵母加入 20mL 38℃含糖 5％的糖水中，搅拌，活化 30min 后，冷却到 28～30℃备用。

（5）乙醇前发酵　将已活化好的酵母按不同比例加到制备好的南果梨汁中，用棉塞封好后，放到培养箱中培养。

（6）后发酵　前发酵结束后，进行汁渣分离，分离液进入后发酵。温度控制在室温 20℃左右，时间为 15～20 天。发酵结束后，取样进行酒度、糖度等检验。

（7）原酒贮存　发酵结束后，分离掉酒脚，原酒残糖含量≤2g/L，将原酒送入贮罐，加入 SO_2 80mg/L，静置 1 周后，将杂质分开。

（8）过滤、装瓶、灭菌　陈酿结束，将果酒过滤后装瓶，然后进行巴氏灭菌，温度控制在 65℃，时间 30min。

（9）保质期试验　灭菌后的酒样在室温放置 2 个月，以产品的稳定性及细菌数量为指标，进行保质期试验。

3. 注意事项

最优发酵工艺条件为 0.1％的酵母接种量，并将固定化的菌种用 2％的硫酸铝溶液置换固化后，于 15℃下发酵。该酒的酒度较高，色泽好，风味佳。添加适量琼脂、明胶或皂土可提高酒体的澄清度。

六、鸭梨果酒

1. 工艺流程

鸭梨果酒生产工艺流程见图 3-7。

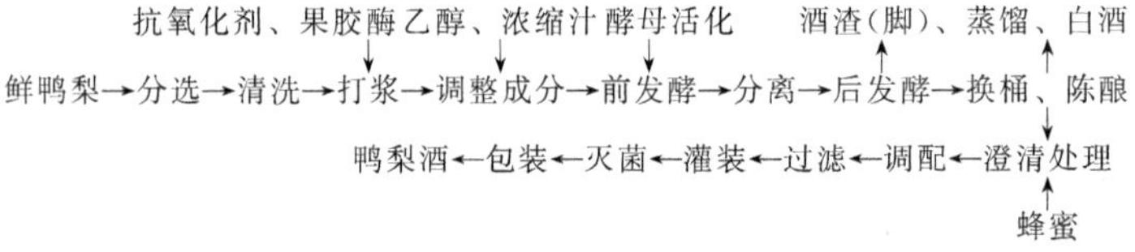

图 3-7　鸭梨果酒生产工艺流程

2. 操作要点

(1) 梨果选择、清洗　选择成熟、无病虫害、腐烂的整果，少数轻微腐烂部分可用不锈钢刀挖掉。去除枝叶杂草，用清水洗去果皮上的泥尘，减少杂菌污染。

(2) 破碎打浆　破碎打浆是为了便于酶解发酵及提高出汁率。破碎时要防止打碎种子产生苦味，并及时加入适量的亚硫酸（100mg/L）及异抗坏血酸钠防止氧化且抑制杂菌繁殖。

(3) 调整成分与原酒发酵　首先调整果浆成分，为了提高乙醇含量，加入 4% 的食用乙醇，并使其在发酵中得到同化，还有利于浸出果实的色香味成分，同时能抑制野生酵母菌等杂菌繁殖。也可加入浓缩鸭梨汁（发酵旺盛时加）代替乙醇，增加糖分和其他果实成分。并加入果浆体积 0.03% 的果胶酶酶解果胶，降低果浆糖度，有利发酵与后处理。发酵剂采用活性干酵母，接种量为 0.08%，并先加到 35~40℃、含 5% 白砂糖水溶液中活化 0.5h，控制发酵温度在 26~30℃，加入柠檬酸调整酸度，以利正常发酵。发酵中每天要轻轻摇瓶 1~2 次，将泡沫摇入发酵酒液中。定时检测酒度、糖度、酸度及发酵动态。待发酵酒液温度急剧降低，气泡基本不产生，酒度、糖度无明显变化时，前发酵即结束，周期为 5~7 天。

(4) 倒桶、陈酿　前发酵结束及时进行酒渣分离，防止酒渣接触时间过长而产生较大的苦杂味。分离后进入后发酵即陈酿阶段，继续完成残糖发酵、产生香味和老熟。其温度应低于前发酵温度。此阶段（约 10 天）形成的沉渣即酒脚，因其中的酵母菌体开始死亡自溶，会影响酒的风味和导致蛋白质混浊，要及时倒桶除去。在此后，一般要再倒 1 次桶，间隔时间可以延长。倒桶后要装满酒液，并用乙醇或酒渣（脚）蒸馏的白酒封口，防止杂菌污染和空气氧化。

(5) 人工快速澄清和成分微调　发酵原酒经过倒桶去酒脚，其中仍含有果胶、蛋白质等，使酒液不够清亮透明，可采用人工措施快速澄清。添加单宁和蛋清或明胶等效果不佳，最终采用蜂蜜取得了令人满意的澄清效果。即在原酒中加入 5% 的槐花蜜，使其沉淀和过滤，并增强了酒的营养和保健功能。该酒液经过化验，适当调整酒度、糖度、酸度，并加入适量的异抗坏血酸钠、山梨酸钾，搅匀，短时间贮存，再经过精细过滤，即可灌装。

（6）热处理及瓶贮　澄清的酒液灌装封口后，放入水浴中，升温至700℃，进行热处理灭菌，维持30min，冷却后经过短时间贮存就可以供应市场。热处理还起到催熟作用，可缩短生产周期，提高酒质。

（7）操作卫生要求　由于果酒酿制过程中，条件较为温和，原料营养丰富，酒液中乙醇含量低，酒液极易受到微生物如野生酵母菌、霉菌等的侵染，使之出现失光、混浊、沉淀、风味损害和微生物指标不合格等。除了选择新鲜卫生的优质原辅料外，发酵和贮存容器、用具等在使用前后必须清洗干净，并采用高温灭菌等方法消毒，且要注意操作环境的卫生消毒。

3. 注意事项

（1）发酵条件的确定　发酵温度控制得略高，为26～30℃。并采用酶解措施和添加一定量的柠檬酸调整发酵液的pH值，更适宜酵母生长发酵，从而缩短了发酵时间，减少了杂菌增殖的机会，使原酒的挥发酸远远低于1.1g/L，保证了酒质，且酒渣易分离，提高了生产效率。

（2）防止氧化褐变　梨中的单宁物质可在氧、多酚氧化酶和过氧化酶的作用下生成黑色素。另外，梨含有的氨基酸、不饱和醛、果糖、葡萄糖共热时产生美拉德反应，也生成黑色素。铁、铜等一些金属离子也促进氧化褐变，使梨酒的色泽加深。在发酵前期添加二氧化硫和后期加入异抗坏血酸钠，调节酸度抗氧化，并减少与空气及一些金属离子接触，密闭保存，快速过滤，低温加热处理，可防止或减轻果酒的氧化褐变。

（3）快速澄清　采用蜂蜜澄清酒液取得了良好效果，虽未再冷冻处理，样品酒常温存放1年多仍未变化。

（4）持香增香　鸭梨原料本身风味淡雅，梨果保存时间过长，香味差。在研制中，除了缩短发酵周期等以减少挥发保持香味外，在调配时加入了适量的梨香精，经过贮存老熟使其与原果香融为一体，增加了成品酒的香气且较为逼真。

（5）添加浓缩鸭梨汁酿制果酒　浓缩鸭梨汁用于酿制果酒，可代替糖料和解决原料不足的问题。此加法制作的果酒，一般果香偏低、新鲜感弱，而酒质较协调、丰满，可根据实际情况组织生产。

七、樱桃发酵酒

樱桃发酵酒，是利用酵母菌将樱桃果汁中可发酵性的糖类进行乙醇发酵作用生成乙醇，再在陈酿澄清过程中经酯化、氧化及沉淀作用，而获得酒液清晰，色泽鲜美，醇和芳香的产品。

1. 工艺流程

樱桃发酵酒具有樱桃原汁的特有香味，醇和爽口，酒液澄清鲜亮，呈深褐色，是一种优质水果酒。樱桃发酵酒生产工艺流程见图 3-8。

白砂糖、酸　酵母
↓　↓
樱桃→分选→破碎→入桶→成分调整→发酵→渣汁分离→后发酵

樱桃发酵酒←杀菌←贮存后熟←新酒调配←贮存←换桶

图 3-8　樱桃发酵酒生产工艺流程

2. 操作要点

（1）原料选择　樱桃采摘后必须立即运往加工厂。运输过程中要轻拿轻放，轻装轻卸，尽量避免挤压和剧烈振动。因为樱桃皮薄汁多，稍有不慎，就易破损腐烂。为了避免损耗，最好建立前发酵站，就地发酵。樱桃到厂后，就马上分选，否则会退色变坏。原料应选择成熟鲜红，含糖高的。腐烂果、病虫果等一律选出。

（2）破碎　将精选出的樱桃用破碎机进行破碎，破碎时不要把核压碎，否则成品酒会产生苦味。

（3）入桶　将破碎好的樱桃立即入桶，防止与空气接触时间过长而感染杂菌。所用发酵桶，要事先刷洗几次，洗净后再用硫黄消毒灭菌方可使用。

（4）发酵液成分调整　樱桃经破碎后用于发酵的汁液称发酵液。

发酵液中的糖、酸等成分既与发酵密切相关，又影响成品品质。配制普通樱桃酒，破碎后即可进行发酵。若要配制优质樱桃酒，则必须根据果汁成分调整发酵液。

（5）酵母菌的扩大培养 扩大培养酵母数量及质量，加入发酵液，能保证发酵安全，缩短发酵周期，酵母菌质量好坏对酒的品质关系极大。同一品种的樱桃，用不同的酵母进行发酵，酿成的樱桃酒品质是不一致的。同样，同一酵母菌种对不同樱桃品种及不同地区使用效果也各不相同。因此，各果酒厂都应有自己专用的菌种。从外地引进的酵母菌种，必须先进行试验，选出适宜的菌种，才能应用于生产。酵母菌扩大培养的工艺流程为：原菌种经过一级培养、二级培养、三级培养和酒母桶培养（投入生产），具体如下。

① 原菌种保存 取澄清果汁加葡萄糖调整糖浓度为 12%～14%，pH 值 5～6，加 2%～2.5%琼脂，加热至 90～95℃溶化，分装于预先洗净、干热灭菌的试管中，每管装量以制成斜面后约占试管长度 1/3 为宜，塞上棉塞，每日在 100℃下灭菌 30～40min，重复 3 天，或在 0.06～0.1MPa 压力下灭菌 30min。灭菌后，趁热制成斜面。冷凝后置于 28～30℃恒温箱中观察 3 天，若无杂菌繁殖，可移植原菌。在无菌操作条件下，将原菌移接于斜面固体培养基上，在 28～30℃恒温箱中培养 3 天，待菌体繁殖良好后，取出放在 10℃以下可保存 3 个月备用。3 个月后再重新移植培养 1 次，以免菌种衰老变异。

② 一级培养 于生产前 5～7 天，取经干热灭菌的大试管或 100mL 三角瓶，倒入调整好的果汁 10～20mL，加棉塞，在 0.06～0.1MPa 压力下灭菌 30min。冷至常温，在无菌操作条件下，接入酵母菌 1～2 针。在 25～28℃恒温箱中培养 24～48h，发酵旺盛时，即可供下级扩大培养使用。

③ 二级培养 用清洁、干热灭菌的三角瓶或 1000mL 烧瓶，盛新鲜樱桃汁 500～600mL，加棉塞，在 0.06～0.1MPa 压力下灭菌 30min。冷至常温，接入 1～2 支培养旺盛的试管酵母液。在 25～28℃恒温箱中培养 20～24h，发酵旺盛后，即可供下级扩大培养使用。

④ 三级培养　用清洁消毒的卡氏罐或 1~1.5L 的大玻璃瓶，倒入调整好的樱桃汁至瓶容积的 70%，灭菌方法同前。如灭菌有困难，可采用偏重亚硫酸钾灭菌，以 1L 果汁中含二氧化硫 150mg 为宜。采用此法灭菌应在前 1 天进行，放置一夜后才可供使用。接种在无菌室内进行。先用 70% 的乙醇消毒瓶口，然后接入二级种，接种量为培养液的 2%~5%。在 25~28℃ 恒温箱中培养 24~48h，繁殖旺盛后，即可供扩大培养使用。

（6）发酵　樱桃经破碎入桶，成分调整后，马上加入经扩大培养的酵母进行发酵。本来樱桃果实上带有一定的酵母，即使不加酵母，在气温较高，条件适宜的情况下，借助于野生酵母，也是可以自然发酵的。但是一般果子上的野生酵母，无论数量或质量，都不如人工扩大培养的纯种酵母，因此必须加入经扩大培养的纯种酵母液以保证发酵旺盛进行。一般酵母加入量为 2%~3%，控温在 25℃ 左右，经 5~10h 后就起泡发酵。

（7）渣汁分离　渣汁混合发酵期间，樱桃的特有香味大部分浸入发酵液中。发酵 2 天后，发酵液酒分升高，樱桃核中带有的苦味物质就会被乙醇溶解，这时应及时进行皮渣分离，否则酒将产生苦味，影响成品品质。渣汁分离时，用虹吸法将清液吸入另一桶中继续发酵，待发酵现象停止后，转进贮存室内贮存。

（8）后发酵　发酵液经渣汁分离转入贮存室后，即开始进行后发酵，这种现象是微弱的。后发酵终止后，果胶、死酵母、酒脚等逐渐沉于桶底，约占 2.5%。

（9）新酒调配　将经过贮存后发酵的清液转入另一桶中，测定其酒度、糖度、酸度。根据成品酒之酒度、糖度、酸度要求，进行调配。经调配后的新酒，再经短期贮存后熟，即可装瓶出售。酒度低于 15% 的樱桃酒，在装瓶前应在 90℃ 下灭菌 1min，或在装瓶后于 60~70℃ 下灭菌 10~15min。

八、樱桃配制酒

配制酒是仿照樱桃发酵酒的质量要求，用樱桃果汁，加入乙醇、砂糖、有机酸、色素、香精和蒸馏水配制而成。生产这类酒方法简易，成本较低，并且能较好地保存樱桃果实中的营养成分。但是其风味不如发酵酒好，缺乏醇厚柔和的口感。

1. 工艺流程

樱桃配制酒生产工艺流程见图3-9。

樱桃→榨汁→加乙醇保存→调配→醇化澄清→灌装→樱桃配制酒

图3-9　樱桃配制酒生产工艺流程

2. 操作要点

（1）原料　选择鲜红熟透的樱桃果实，用清水洗净。

（2）取汁　采用压榨机压榨取汁。为了避免压碎果核，可先去核再榨汁。

（3）加乙醇保存　其目的在于保存半成品以待陆续调配制成成品。同时在保存期，加进的乙醇也得到与果汁"同化"，渣汁下沉，酒质得以初步清晰。

（4）调配　樱桃配制酒属甜果酒型，果汁中的糖分未经发酵转化。其理化指标国家未制定统一标准。但一般果汁用量不得低于30%，成品酒的酒度12%～18%，糖度100g/L以上，酸度3～9g/L，色泽与原果汁近似，清晰透明，风味醇和协调，不得有异味与沉淀。

（5）醇化澄清　新调配的樱桃酒，风味不协调，生乙醇味浓，清晰度、稳定性均差，必须经醇化澄清处理。一般是向新调配的酒中加入适量的琼脂、明胶、蛋白或果胶酶静置1～3个月任其自然澄清。有条件的地方，可采用冷热交互处理法。此法处理对缩短酒龄，提高酒质，增强稳定性有很好的效果。

3. 注意事项

用于配制酒的乙醇，必须符合下列质量标准。

（1）感官指标　无色透明，醇和，无明显的苦味及其异味。

（2）理化指标　总醛含量0.01g/L以下（以无水乙醇容量计）；杂醇油含量0.02g/L以下（以无水乙醇容量计）；总酯含量50g/L以上（以乙酸乙酯计）；甲醇含量0.5g/L以下；糠醛不得检出；不挥

发物 0.1g/L 以下。

　　凡不符合上述质量要求的乙醇，必须经脱臭处理，合格后方可使用。乙醇的处理可采用活性炭法，即将待处理的乙醇，通过活性炭层过滤，可按 100L 乙醇加 100～200g 活性炭，搅匀后静置 25～36h 后过滤。

九、樱桃蒸馏酒

　　樱桃蒸馏酒是将樱桃果实经乙醇发酵后，通过蒸馏提取其乙醇成分及芳香物质等而成，具有樱桃特有的芳香。普通的樱桃蒸馏酒称樱桃白酒，风味独特的樱桃蒸馏酒可称樱桃白兰地。

　　1. 工艺流程

　　樱桃蒸馏酒生产工艺流程见图 3-10。

樱桃→榨汁→发酵→蒸馏→调配→灌装→樱桃蒸馏酒

图 3-10　樱桃蒸馏酒生产工艺流程图

　　2. 操作要点

　　（1）樱桃榨汁　樱桃蒸馏酒对原料的要求不高，无论好坏均可利用。此外在酿制樱桃发酵酒过程中，渣汁分离时剩下的残渣以及不符合其他加工要求的下脚料均可利用。这对充分利用果实资源有很大的经济价值。

　　（2）蒸馏　樱桃蒸馏酒的发酵方法与发酵酒相同，至于蒸馏，一般可用粮食白酒的蒸馏方法。如要生产樱桃白兰地，则宜采用壶式蒸馏器或蒸馏塔。

　　（3）调配　新蒸馏的酒，酒度高，但香味差，辣味重，需经调配后才能饮用。新酒调配可以根据理化指标分析并结合有经验的人员进行尝评。如甜味不够，则补加糖；酒度过高，则加水稀释；色泽过浅，则加糖色；香味不够，则加食用香精调香等。

十、清汁发酵法猕猴桃酒

　　猕猴桃出汁率高，营养丰富，具有甜瓜、草莓、橘子香味，风味独特，果实糖、酸含量也很适合酿酒。猕猴桃酒的酿造方式有清汁发酵法和果浆发酵法。

1. 工艺流程

清汁发酵法生产猕猴桃酒清亮透明，富有光泽，具有猕猴桃果特有的果香及醇厚的酒香，酸甜适度，醇厚柔和，口味清爽，酒体完整。清汁发酵法生产猕猴桃酒的工艺流程见图 3-11。

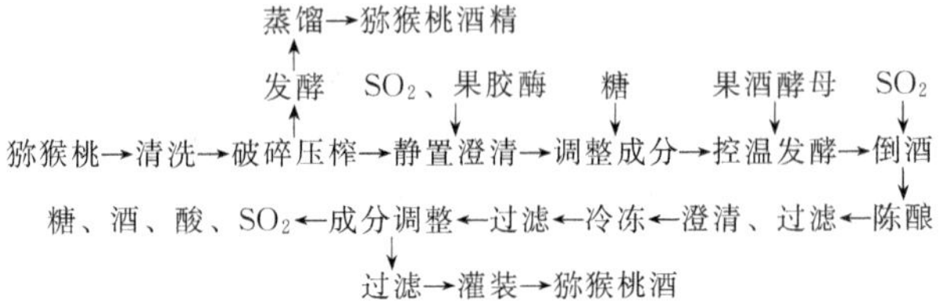

```
                    蒸馏→猕猴桃酒精
                      ↑
            发酵  SO₂、果胶酶   糖      果酒酵母  SO₂
              ↓    ↓    ↓      ↓        ↓      ↓
猕猴桃→清洗→破碎压榨→静置澄清→调整成分→控温发酵→倒酒
糖、酒、酸、SO₂→成分调整←过滤←冷冻←澄清、过滤←陈酿
              过滤→灌装→猕猴桃酒
```

图 3-11　清汁发酵法生产猕猴桃酒的工艺流程

2. 操作要点

（1）选果与清洗　制酒的猕猴桃果实应充分成熟、多汁、含糖量高、皮薄、肉细嫩。魁蜜、华光 2 号、庐山香等都适合酿酒。猕猴桃果实酸度较高，对于坚硬未熟的果实，可以通过 4～7 天的后熟处理。经后熟处理的果实含糖量升高，总酸、果胶和单宁含量均降低。剔除烂果、变质果、病虫果、未熟果。入选果实洗去泥沙、虫卵及其他杂物。用清水冲洗，沥干水分后待用。

（2）破碎榨汁、澄清　先用破碎机将鲜果破碎，然后将果浆送进榨汁机进行汁渣分离。得到的果汁中加入果胶酶（具体用量按照产品说明或通过小试验来确定），静置澄清处理。去除沉淀得到澄清果汁。果渣含有残余糖和淀粉，经发酵、蒸馏后得到猕猴桃乙醇，可用于原酒的酒度调整。

（3）调整果汁成分　添加 SO_2，调整果汁糖度、酸度。

（4）控温发酵　将果汁泵入发酵罐，容器充满系数控制为 80%，加入活化后的活性果酒酵母，搅拌均匀，控制发酵温度为 18～20℃。一般地，30～40h 后发酵处于旺盛阶段，大量 CO_2 泡沫冒出液面，醪液翻腾，并可听见 CO_2 泡沫破裂响声，液面覆盖一层白色泡沫。

果汁糖度随着发酵的进行而下降，液面逐渐澄清，仅有少量 CO_2 泡沫冒出，此时发酵已很微弱，待果汁中残糖浓度不再降低时，发酵结束，降温沉淀酵母，倒酒分离酒脚。

（5）原酒陈酿 原酒中补加 SO_2，满罐陈酿，高度食用乙醇封口，以抑制微生物的生长，减少酒液氧化、防止氧化褐变而影响果酒风味与色泽。在 15℃ 以下密闭陈酿，逐渐使酒味协调自然，进一步澄清。贮存时间一般不低于 3 个月。

（6）冷冻、过滤、澄清、调整、灌装 加入皂土澄清酒液，待处理过的酒液澄清后，过滤得澄清酒液。测定原酒的糖度、酒度、酸度，按照成品的理化指标分别调整至规定值，贮存 20～30 天，无菌过滤后进行灌装。

十一、果浆发酵法猕猴桃酒

1. 工艺流程

果浆发酵法猕猴桃酒的特点是澄清透明；酒体圆润，酒度和酸度平衡协调，口感清爽，回味悠长；酒体协调、典型性好；浓郁优雅，具有猕猴桃典型的果香（和醇厚的酯香）。果浆发酵法猕猴桃酒的生产工艺流程见图 3-12。

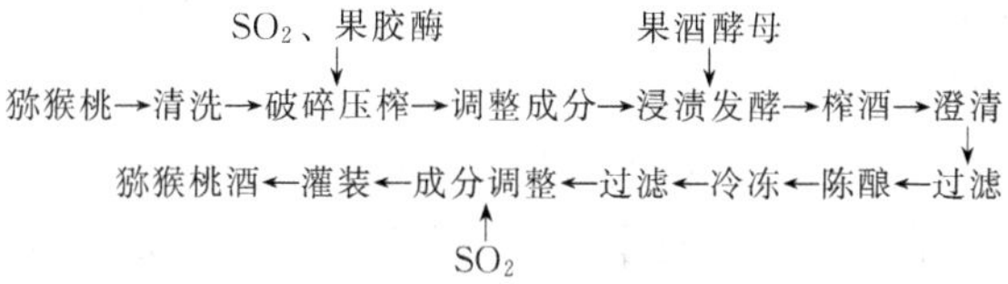

图 3-12 果浆发酵法猕猴桃酒的生产工艺流程

2. 操作要点

（1）选果与清洗、破碎 将洗净的原料投入破碎机内破碎，破碎粒度在 3～5mm。将果浆泵进发酵罐中，计量。添加 SO_2 抑制杂菌的生长。添加果胶酶以分解果浆中的果胶。

（2）果浆调整 若果浆酸度太高，影响果酒酵母发酵，应适当降低果浆的酸度，进行酸度调整。根据果浆中糖含量与产品酒度要求，计算加糖量。

（3）浸渍发酵　将果浆泵进发酵罐内，装液量为罐容积的80%。加入适量活化的果酒活性干酵母，搅拌均匀，保持发酵温度在18～28℃，起发后添加糖，每天上、下午各泵循环发酵液1次，将皮渣压下。当果汁中糖含量不再下降时发酵结束。浸渍发酵结束进行压榨，将皮渣与酒分离。

（4）澄清　用皂土对原酒进行澄清处理，补加SO_2。澄清良好时用硅藻土过滤机进行过滤。

（5）陈酿与调配　于15℃下满罐陈酿，使酒中SO_2浓度保持在20～30mg/L，高度乙醇封口。陈酿期3～6个月。按照成品酒要求对酒进行调整。

（6）冷冻、过滤、灌装。

3. 注意事项

猕猴桃果实有三个特点：营养价值高，果胶含量高，总酸含量高。因而，酿酒时除采用一般果酒的酿制工艺外，还必须采取后熟降酸、果胶酶分解果胶等与上述特点相适应的特殊处理。

十二、清汁发酵法石榴酒

石榴酒的酿造方法有浸渍发酵法和清汁发酵法等。

1. 工艺流程

清汁发酵法石榴酒的特点是澄清透明；具有清新和谐的石榴果香和酒香；口味柔和协调，酒体丰满，余味悠长，风格独特。清汁发酵法石榴酒的工艺流程见图3-13。

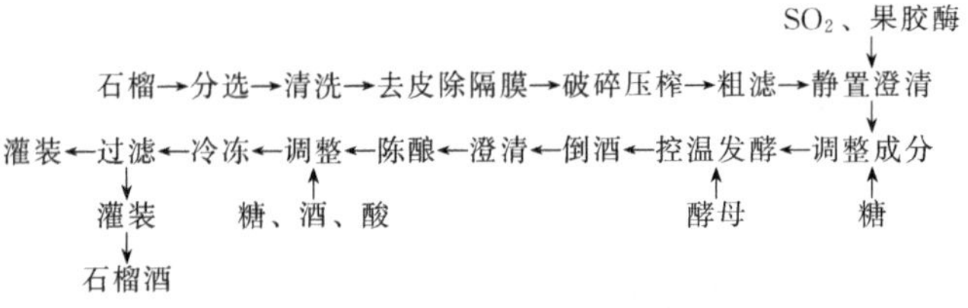

图 3-13　清汁发酵法石榴酒工艺流程

2. 操作要点

(1) 原料预处理　按酸度高低，石榴分为甜石榴和酸石榴。甜石榴产量高，但酸度低，味淡，酸石榴含酸高，单独发酵较为困难。因此在酿酒实践中，以酸甜石榴混合后酿酒为佳。原料石榴要求完全成熟，呈现成熟果实的色泽，无霉烂，以保证成品酒的品质。新鲜、成熟、无病斑的石榴，冷水清洗，除去表面杂物。去皮去隔膜，得到石榴籽。

(2) 榨汁　石榴果粒中含有多种有害石榴酒风味的物质，如脂肪、树脂、挥发酸等，这些物质在发酵时，会使成品酒酒液混浊，并影响产品的风味，为避免将内核压碎，一般采用气囊式压榨机。果汁中添加适量 SO_2 和适量果胶酶，静置澄清。

(3) 成分调整　对果汁糖、酸进行调整。

(4) 控温发酵　将石榴汁泵入发酵罐，装液量为罐容积的 85%，在石榴汁中加入适量活化好的果酒活性干酵母，混合均匀，发酵温度控制在 20～25℃，残糖量不再下降时，发酵结束。

(5) 倒酒　采用密闭式倒酒，将上部澄清液导入另一已杀过菌的罐内，与酵母及酒脚等沉淀物分离。

(6) 澄清　对石榴原酒采用皂土澄清。澄清良好时用硅藻土过滤机过滤。

(7) 陈酿　补加 SO_2，15℃以下，密闭保存半年以上。

(8) 调配　陈酿期满后过滤。同时调整糖、酸和酒度使其符合其质量标准。

(9) 冷冻、过滤、灌装。

十三、浸渍发酵法石榴酒

1. 工艺流程

浸渍发酵法石榴酒的特点是澄清透明有光泽；果香浓郁，细腻，酒香和醇香协调，舒适；入口爽净，结构平衡，酒体醇厚，丰满，回味无穷；具有石榴酿造酒的典型风格。浸渍发酵法石榴酒工艺流程见图 3-14。

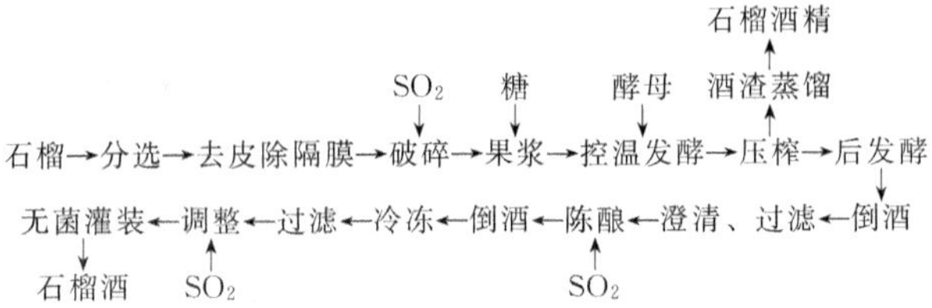

石榴→分选→去皮除隔膜→破碎→果浆→控温发酵→压榨→后发酵

SO_2　糖　酵母　酒渣蒸馏→石榴酒精

无菌灌装←调整←过滤←冷冻←倒酒←陈酿←澄清、过滤←倒酒

石榴酒　SO_2　　　SO_2

图 3-14　浸渍发酵法石榴酒工艺流程

2. 操作要点

(1) 原料预处理　选择新鲜、无病斑、个大、色艳、皮薄、籽粒饱满的石榴。人工或机械去皮、除隔膜。

(2) 挤压破碎　机械破碎。注意勿将内核挤破。将果浆泵入发酵罐中，计量。

(3) 调整成分　添加 SO_2，必要时调整果浆酸度。

(4) 控温发酵　果浆泵入罐量以不超过罐容量的 80% 为宜。加入活化好的活性干酵母，混匀，启动发酵。起发后，按照成品酒酒度要求，补加白砂糖，发酵温度控制在 20~24℃，发酵期间适当进行泵循环。浸渍终点以浸提物质含量符合标准为宜，但也要注意避免有害物质的浸出。达到浸提要求后分离发酵液，必要时发酵液继续发酵。

(5) 后发酵　温度控制在 18~20℃，当残糖浓度不再下降时，发酵结束，倒酒。

(6) 澄清与过滤　在 15℃ 下用皂土进行澄清处理。澄清良好时用硅藻土过滤机进行过滤。

(7) 低温陈酿　在 15℃ 下陈酿 3~6 个月。促进酒体平衡，改进口感，使不稳定性成分析出。陈酿结束倒酒。

(8) 冷冻过滤。

(9) 调整、灌装　根据拟定的产品标准进行。调整酒的糖度、酸度、酒度等，之后进行灌装。

3. 注意事项

(1) 石榴籽粒破碎时，要防止将内核压破，否则，内核中的苦味物质进入石榴汁（浆）中，会影响酒的风味和品质。籽粒破碎后可加入一定量的果胶酶，以提高出酒率。

（2）浸渍发酵法，要特别注意控制温度。浸渍发酵的时间不能过长，否则，籽核中的有害物质溶出，影响酒的风味。

（3）对石榴采用浸渍发酵，能有效提高对石榴有效成分的浸提，明显改进石榴酒的口感，突出其香气与醇厚度。

十四、柑橘酒

柑橘酒分为发酵酒和配制酒两大类。发酵酒是果汁经过乙醇发酵直接酿造而成的，营养丰富，风味独特。配制酒直接以柑橘汁为主要原料再添加食用乙醇、香料等配制而成。柑橘发酵酒的工艺流程和操作要点介绍如下。

1. 工艺流程

柑橘酒的酿造工艺流程见图3-15。

图3-15　柑橘酒的酿造工艺流程

2. 操作要点

（1）原料选择和处理　选用果实充分成熟且色泽鲜艳的甜橙、蜜橘或红橘，无伤残。果实用清水洗净，淋干水分后榨汁，榨汁时，避免打破柑橘籽，将柠碱混入果汁中。

（2）灭酶　灭酶温度控制在70℃左右。灭酶的主要目的是钝化果汁氧化酶和柠碱转化酶，防止果汁氧化与柠碱生成，同时又可以杀灭杂菌，防止发酵过程中的杂菌污染。

（3）澄清　果汁中加入适量SO$_2$和适量果胶酶（具体用量参考产品说明或通过小试验），果胶酶可降低果浆黏度，提高柑橘出汁率。此外果胶含量降低有利于果酒的澄清和酒体的稳定，同时也有利于苦味物质柠碱的沉淀。静置澄清24h。

(4) 成分调整　对澄清过滤后的柑橘清汁进行糖度、酸度调整。

(5) 控温发酵　将果汁泵入发酵罐中，装液量为罐容积的85%为宜。加入活化好的果酒活性干酵母，并混合均匀。发酵温度控制在20~25℃，待果汁中糖含量不再下降时，发酵结束。

(6) 倒酒　柑橘果汁经发酵后，酵母及其他不溶性固形物凝聚沉淀形成酒脚，此时应及时倒罐，分离酒脚，以防止邪杂味带进酒中。

(7) 澄清与过滤　酒液澄清后，将清酒与酒脚分开，用皂土对原酒进行澄清处理。澄清良好时用硅藻土过滤机进行过滤。

(8) 陈酿　补加SO_2，满罐陈酿，有条件可采用惰性气体来封罐。陈酿期间定时抽样检测其理化、感官与微生物质量。陈酿至少要6个月，以改善酒的风味。

(9) 冷冻过滤、调整、灌装　经过冷冻过滤后，根据成品酒要求调整果酒糖度、酸度、酒度，之后灌装即为成品。

3. 注意事项

(1) 影响柑橘酒品质的因素很多，如柑橘品种、酵母种类、加糖方式、发酵温度等。我国柑橘品种多，风味各异，南丰蜜橘和柑适合于做干酒，酿造出来的柑橘干酒风味典型浓郁，苦味不明显。甜橙不太适合做干酒。

(2) 减轻柑橘干酒苦味的措施　柑橘果实中的苦味物质柠碱是一种极苦的柠碱类化合物，主要存在于果实的皮层、种子中，果肉中也有，并且随果实的成熟而减少。减少苦味的措施如下。

① 成熟度　柑橘中主要苦味成分柠碱的含量会随着果实成熟而减少，因此酿造柑橘酒要求果实充分成熟。

② 剥皮　由于柠碱主要存在于柑橘果皮的白皮层中，为了去除这种令人讨厌的苦味物质，柑橘榨汁前剥去表皮可大大减轻酒的苦味。

③ 慢速、钝刀打浆　很多柑橘品种都有种子，种子也是柠碱的主要来源。为了避免种子破碎而将柠碱带入果汁，打浆速度要慢，刀片不要太锋利。

④ 灭酶　有研究表明，在完整的果实中柠碱在本质上是以柠碱酸芳香环内酯的盐类存在（柠碱的前身，无苦味）。加工期间，果汁中酸和酶的作用将转化这个前身物质成为极苦的柠碱。因此，果汁榨汁后要迅速灭酶，以阻止这种转化作用的进行，减少柠碱的生成。

⑤ 陈酿　由于柠碱的生成反应需要合适的温度，温度高反应速度加快，苦味增加；陈酿温度高，酒的氧化过程加快，导致酒体粗糙。此外，陈酿温度高，还会增加酒的挥发，损失酒的香气，容易引起染菌。因此果酒陈酿期间应尽可能采取低温陈酿的方法，可在15℃以下，有条件温度低些更好。

十五、广柑酒

1. 工艺流程

广柑酒的生产工艺流程见图 3-16。

<pre>
                    酵母   SO₂、果胶酶
                     ↓   ↓
广柑→清洗→榨汁→灭菌→发酵→换桶→调整→陈酿→澄清
                              广柑酒←灭菌←灌装←调整
</pre>

图 3-16　广柑酒生产工艺流程

2. 操作要点

（1）原料选择和处理　要选用果实充分成熟且色泽鲜艳的广柑，其伤、残和落地果也可做原料。果实在清水中洗净果皮，放到 95～100℃热水中烫漂 30～60s，然后剥去果皮和种子。

（2）榨汁用螺旋榨汁机压榨取汁，再经过直径为 0.3mm 或 0.8mm 的筛孔过滤。

（3）果汁在 70～75℃热水中高温灭菌 5min。

（4）发酵　发酵前要做好优质酿酒酵母菌的培养、保存和复壮工作。还要做好酒母培养。选用较大且适合自己生产规模的木桶或水缸，将广柑（橘）汁倒入，至容量接近 80％时密封。通入蒸汽加热至 85～90℃，1～2min 后，立即冷却至 35℃，供接种用。按酵母菌：果汁等于 1∶18（质量比）的比例接种，约 72h 后可供生长培养

使用。发酵前，容器须消毒，以保证发酵安全。果汁倒入发酵缸后，接入 10%～20% 的酒母（质量百分比），搅拌后待发酵。按每 100kg 果汁加入浓度为 6% 的亚硫酸 110g，以抑制杂菌的孳生。发酵温度控制在 20～25℃。时间 7～15 天。每天应该测量品温 3 次。发酵完成后，应及时用同类型的酒桶进行添桶，添至桶容量的 90%～95%。并添加脱臭乙醇或发酵的蒸馏酒，使酒度达到 16°～18°，半个月后立即转池进行陈酿。

（5）陈酿与澄清　较长时间的陈酿可以除去发酵过程中生成的少量甘油、琥珀酸、醋酸和杂醇油。陈酿至少要 6 个月，以增进果酒的风味。陈酿也可以采用人工催陈措施，以缩短陈酿期。

（6）调配　陈酿澄清后，按市场需要进行调配。调配时，首先测定酒中的糖度、酒度和酸度，用下列公式计算出蔗糖、食用脱臭乙醇和柠檬酸的用量。

$$\text{全汁酒的调配 } x = a(b-c)/(d-c)$$

式中　x——乙醇、糖浆、柠檬酸的应加量，g；

　　　a——调配后的总量，g；

　　　b——调配后乙醇浓度（%，体积分数）、糖度（%）、酸度（g/L）；

　　　c——原酒的乙醇浓度（%，体积分数）、糖度（%）、酸度（g/L）；

　　　d——使用的食用乙醇浓度（%，体积分数）、糖浆浓度（%）、柠檬酸的浓度（g/L）。

$$\text{果汁酒的调配 } x = (ab-ec)/d$$

式中　x——乙醇、糖浆、柠檬酸的应加量，g；

　　　a——调配后的总量，g；

　　　b——配制后的浓度，%；

　　　e——原有橘酒量，g；

　　　c——原有橘酒浓度，%；

　　　d——使用的食用乙醇（%，体积分数）、糖浆浓度（%）、柠檬酸的浓度（g/L）。

（7）精滤 调配后再精滤 1 次，使酒体更清亮透明。常用硅藻土过滤机和石棉过滤机过滤。精滤后可定量装瓶。

（8）装瓶、灭菌 装瓶和灭菌后放在灭菌槽中，灭菌水高出酒瓶 5cm 以上。水温升至 $70\sim75℃$，保持 15min 后，分段冷却。

十六、浸泡法枸杞酒

枸杞酒的制作法主要有浸泡法和发酵法两种。传统枸杞酒的生产多采用浸泡法，一般以清香型白酒或黄酒作基酒，浸泡枸杞和其他辅料而成，现在多用食用乙醇代替白酒作酒基。

1. 工艺流程

枸杞酒特点是酒色纯正、鲜亮、透明，具有枸杞特有的香气与和谐的酒香与醇厚爽怡的口味，酸甜协调，酒体丰满。浸泡法枸杞酒的工艺流程见图 3-17。

乙醇　　　　　　　　白砂糖、蜂蜜
　　　　　　　　　　　↓　　　　　　　　　↓
枸杞→分选→洗涤→磨碎(一般用整粒)→浸泡→粗滤→控温发酵→调配
枸杞酒←包装←过滤←澄清←过滤←陈酿

图 3-17　浸泡法枸杞酒的工艺流程

2. 操作要点

（1）分选 采集新鲜枸杞后，经分选除去混杂的果梗、碎粒等杂物，可直接用于做酒。也可将新鲜枸杞晾干后贮存备用。

（2）洗涤 采用喷淋洗涤的方法除去附着在枸杞上的灰尘和其他杂物，人工洗涤时切忌揉搓，以免枸杞破裂。

（3）浸泡 浸泡枸杞酒多选取整粒枸杞（也可将枸杞粒加工成果浆，但枸杞子易碎，给酒带来一些苦味，应尽量保证子完整），加入到酒基中进行浸泡。浸泡枸杞酒选用 95％ 的食用乙醇或清香型优质白酒等作为酒基；将酒基用纯净水稀至 40％ 左右，与 5％～10％ 的枸杞混合均匀后，放入浸泡容器中，加盖，密封，在室温下进行浸泡，春秋浸泡 10～15 天，冬季浸泡 15～20 天。

（4）过滤 浸泡结束，粗滤，除去枸杞颗粒。枸杞颗粒压榨可得到压榨酒，压榨酒色泽深，干物质含量高，苦味重，应单独贮存，可用作调色酒。

(5) 调配　除去枸杞后的酒液，按配方要求，加白砂糖 2%～6%，蜂蜜 0.5%～1.5%，柠檬酸 0.1%～0.2%；调配成酒度 12%～15% 的枸杞酒。

(6) 陈酿、澄清　调配后的枸杞酒中，含有少量沉淀物，陈酿一段时间后，沉淀物会逐渐沉积在酒液的底部，经过倒酒或过滤除去沉淀，使酒澄清透亮。普通的枸杞配制酒一般陈酿 15～20 天，优质枸杞酒陈酿 2～6 个月。陈酿后进行澄清，再进行过滤。

(7) 灌装　精滤器过滤除去酒中的少量沉淀，在 65～75℃ 保持 10～15min 进行灭菌处理。灌装得到成品。

十七、发酵法枸杞酒

发酵法生产枸杞酒能够激活枸杞蜡质层的生物链，使枸杞的内在营养成分释放出 90% 以上，并完全溶入酒液中；酿制的枸杞酒色泽纯正，酒体澄清，口感醇厚，酒香和枸杞果香融为一体。传统枸杞酒主要是浸泡型，即以白酒为酒基，通过浸泡、调配等工艺所得，但该法得到的枸杞酒性质不稳定，易混浊、沉淀，且枸杞中的生物活性成分损失严重，保存率低。

1. 工艺流程

发酵法枸杞酒色泽纯正、鲜亮透明；具有枸杞特有的香气与和谐的酒香；口感醇厚协调，酒体丰满。发酵法枸杞酒的工艺流程见图 3-18。

$$SO_2、果胶酶 \qquad 酵母$$
$$\downarrow \qquad\qquad\qquad \downarrow$$
枸杞→分选→洗涤→破碎、压榨→成分调整→控温发酵→倒酒→陈酿
枸杞酒←灌装←调整←过滤←冷处理←过滤←澄清

图 3-18　发酵法枸杞酒的工艺流程

2. 操作要点

(1) 枸杞的分选、洗涤　采摘后的新鲜枸杞，除去果梗、碎粒等

杂物，选择颗粒饱满、颜色纯正的果粒，清水浸泡后喷淋洗涤，除去表面灰尘和污垢，淋干水分。

（2）破碎　枸杞子送入破碎机破碎。将破碎后的鲜枸杞用气囊压榨机压榨取汁。调整酸度，加 SO_2 和适量果胶酶（根据产品说明和小试验确定用量）。使用果胶酶可以破坏果汁中的果胶物质，还可以使更多的营养成分溶解，浸出。静置澄清。

（3）成分调整　根据成品酒酒度要求用白砂糖调整枸杞汁糖度。

（4）控温发酵　将枸杞汁用泵打入发酵罐，装量以不超过罐容积85％为宜，接入活化好的果酒活性干酵母，混合均匀，在 20～22℃ 控温发酵，当发酵液残糖浓度不再下降时发酵结束。降温，静置澄清。

（5）倒酒　将已经澄清的酒液与酒脚分离，泵入另一个已经消过毒的不锈钢贮酒罐。

（6）陈酿　不锈钢贮酒罐中的枸杞原酒应满贮，保持酒中的 SO_2 在 20～30mg/L，高度酒精或惰性气体封口。在 15℃ 以下条件下陈酿 3～6 个月，使酒体澄清、透亮、醇厚绵软。

（7）澄清与过滤　由于枸杞中蛋白质含量较高，另外多酚类物质含量也较高，这些物质对枸杞酒的稳定性有不良影响，一般采用明胶和皂土复合澄清剂进行澄清处理（明胶和皂土用量通过小试验来确定），下胶后静止贮存，检查酒液澄清良好后用硅藻土过滤机进行过滤。

（8）冷冻过滤　必要时将澄清过滤后的清酒进行冷冻处理。

（9）调整成分、灌装　根据成品酒的要求对果酒进行糖度、酒度、酸度的调整，之后灌装。

十八、发酵法山楂酒

山楂果胶含量高，出汁率低，针对山楂的这一特点目前多采用发酵法、浸泡法或发酵浸泡相结合的方法来生产山楂酒。

1. 工艺流程

具有悦人的山楂果香、谐调的酒香及陈酿香，无异香；醇厚丰满，清新爽口、洁净，无异味；具有山楂干酒的典型风格。发酵法山楂酒的工艺流程见图3-19。

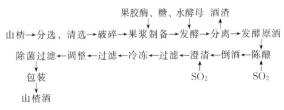

图 3-19　发酵法山楂酒的工艺流程

2. 操作要点

（1）原料　用于酿酒的山楂应是充分成熟、色泽红艳的果实。山楂采购后，要经过适当时间的存放，使果实软化，因为此时果香最好，而且可起到降低果实酸度的作用。如果果实已经发软（但不能坏），可免去此工序。

（2）分选与清洗　经过后熟的山楂，须经过严格挑选，除去生虫、发霉的坏果以及其他杂质，分选后的合格山楂需用流动的净水将山楂果洗涤干净，也可用洗果机清洗山楂果，洗去果实表面的灰尘污物以及夹杂在果实中的果梗等。

（3）破碎　破碎度以果核不烂为准。

（4）果浆制备　山楂果实果胶含量高达 3%～7%，果实破碎后呈胶着状态，因此破碎时可加入 40～50℃ 温水，水量控制在山楂量的 1 倍以内；加热使品温达到沸腾，浸提取汁，在煮沸过程中可按照成品酒的酒度要求调整果浆糖度、酸度。浸提取汁结束后使果浆温度降到 40℃ 左右，加入果胶酶和 SO_2，搅拌均匀静置，具体果胶酶的用量和作用时间可通过小试验来确定。

（5）发酵　果浆入罐，装液量为罐容积的 80% 左右。将活化后的果酒活性干酵母加入罐中，混匀，18～22℃ 恒温发酵。当发酵至果浆中的残糖不再下降时，发酵终止。

（6）分离　分离出的自流酒单独存放；分离后的酒渣进行压汁，压出的汁单独存放；压汁后的酒渣进行蒸馏，生产山楂乙醇。

（7）陈酿　补加 SO_2，进行 15℃以下隔氧陈酿。陈酿期 6～12 个月。

（8）澄清　山楂酒中加入皂土进行澄清，澄清良好时进行过滤。

（9）冷冻过滤、调整、灌装　经过冷冻过滤后，根据成品酒的要求对果酒进行糖度、酒度、酸度的调整，之后灌装，即为成品发酵法山楂酒。

十九、浸泡法山楂酒

1. 工艺流程

浸泡法生产山楂酒的工艺流程见图 3-20。

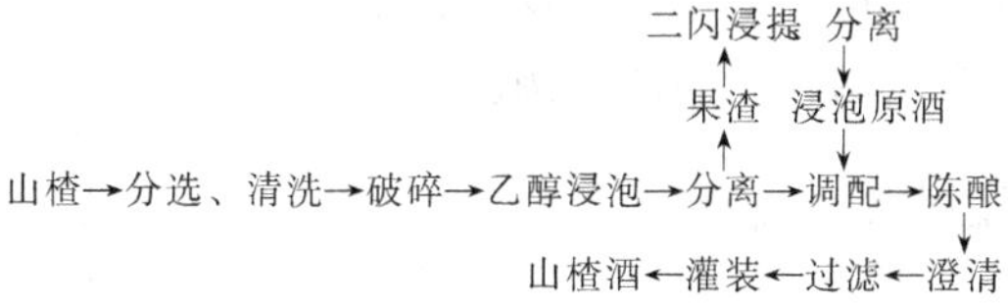

图 3-20　浸泡法生产山楂酒工艺流程

2. 操作要点

（1）山楂原料　选择充分成熟、色泽鲜艳、香气浓郁的山楂果实，进行适当后熟处理。剔除腐烂、病虫害果。

（2）分选　采用振动筛和洗槽分选出其中杂质、草、树叶、泥土、石块、杂果类等。

（3）清洗　利用高压水喷洗、浸洗方法将山楂果洗净。

（4）破碎　采用大滚距的挤压式破碎机，将山楂果肉粉碎，果核要完整。

（5）乙醇浸泡　用酒度 20％～35％食用乙醇浸泡。浸泡比例为山楂果：脱臭乙醇＝1：0.7。浸泡用酒度 35％脱臭乙醇，果渣再用酒度 20％乙醇进行第二次浸泡。浸泡时每次都在 1 个月左右。

（6）调配　将两次浸泡原酒按照一定比例进行调配，也可以按照成品酒要求对原酒成分进行调整。

（7）陈酿　将调配后的酒液于橡木桶中陈酿，陈酿以便使酒体更为协调完善。

（8）澄清　山楂酒采用明胶-单宁复合澄清剂进行下胶处理。达到澄清要求后过滤。

（9）过滤、灌装　进行无菌过滤，无菌灌装。

3. 注意事项

① 存在于山楂的果皮和果肉中的花青素与铁、铜、锡等金属接触时会变色，因此在山楂破碎过程中，加工设备和器具与山楂果直接接触的部位禁止使用铁、铜、锡等材料，以保证山楂干酒具有鲜艳的红色调。

② 发酵法酿造酒醇厚协调，但色浅，果香不如浸泡法浓郁，因此实际加工过程中可以采用浸泡发酵相结合的方式生产山楂酒，调配山楂酒时要注意这两种原酒的比例。

二十、发酵型枣酒

1. 工艺流程

发酵型枣酒的工艺流程见图 3-21。

图 3-21　发酵型枣酒的工艺流程

2. 操作要点

（1）原料选择及处理　酿造枣酒的原料可以是干枣，也可以用鲜枣。冬枣不耐贮藏，所以冬枣酿酒是提高冬枣附加值的一大重要措施。干枣要求色泽鲜亮，无霉烂、变质及虫蛀，去杂、清洗、沥干后，可稍加烘烤，能突出浓郁的枣香味。烘制温度在 100℃ 以上，烘制以枣肉收缩、枣皮微绽、不发生焦煳现象、红枣酒成品颜色不致太深为好。鲜冬枣要求充分成熟，无腐烂。洗净淋干。

（2）破碎去核　用破碎机破碎。

（3）热浸提 干枣原汁的制备：经烘烤过的红枣加入2倍重量的水浸泡，使其果肉细胞组织充分膨胀、软化后，送进浸提罐，再加4倍重量的水进行热浸提。热浸提温度控制在90℃左右，时间40min左右，同时要进行搅拌，使得红枣中可溶性营养成分尽量全部溶出。冬枣热浸提：80℃温水浸泡6h。注意浸提温度要避开冬枣中氧化酶的最适作用温度，最好高于氧化酶最适作用温度，这样浸提的同时还起到灭菌、灭酶的作用。

（4）调整成分 调整浸提汁的糖度、酸度和SO_2含量。将果浆泵进发酵罐中，装液量不超过罐容积的80%为宜。

（5）控温发酵 适量果酒干酵母活化后加入果浆中；发酵温度22~25℃，发酵期间用泵循环将大枣皮渣压入液面以下，每12h测定1次品温、酒度，根据发酵参数，绘制发酵曲线图，以保证发酵的正常进行。当残糖浓度不再下降时进行果汁分离、压榨。

（6）陈酿 满罐，密闭容器口，15℃以下陈酿半年。陈酿结束后倒酒。

（7）澄清 然后采用明胶-单宁法进行澄清处理。明胶和单宁添加量通过小试验来确定，达到澄清要求后，硅藻土过滤机进行过滤。

（8）调整、冷冻过滤、灌装 按照成品酒要求对进行调整，再进行冷冻过滤、灌装。

二十一、浸泡发酵结合型枣酒

1. 工艺流程

该酒果香与枣香协调，有枣的浓香气；枣味浓厚、酸甜适口、滋味绵长，具有枣酒的典型风格。浸泡发酵结合型枣酒的工艺流程见图3-22。

乙醇
红枣→脱核→破碎→浸泡→压榨→浸泡红枣发酵酒
红枣→脱核→破碎→果浆制备→发酵→压榨→红枣发酵酒→调配→陈酿
红枣酒←灌装←过滤←冷处理←过滤←澄清←倒酒

图3-22 浸泡发酵结合型枣酒工艺流程

2. 操作要点

（1）浸泡原酒的制备　选择色泽鲜亮，无腐烂的原料，破碎度宜适中，过大过厚糖分不容易渗出来，同时给过滤带来困难，对发酵有影响。用30%的食用乙醇或清香型低度白酒进行浸泡，时间为7天，然后进行压榨。

（2）调配　将浸泡原酒与发酵原酒按照一定比例调配，根据成品酒要求调整糖度、酒度、酸度。

（3）其余处理参照发酵型枣酒的酿造。

二十二、果浆发酵法草莓酒

1. 工艺流程

果浆发酵法草莓酒具有优雅和谐的果香与酒香；酒体丰满，口味清新，协调爽净；风格突出。果浆发酵法草莓酒工艺流程见图3-23。

草莓→清洗→去梗去萼片→破碎→调整成分→前发酵→压榨→后发酵
（SO₂、果胶酶　酵母）

草莓酒←灌装←过滤←冷冻←过滤←澄清←调整←陈酿←倒酒

图3-23　果浆发酵法草莓酒工艺流程

2. 操作要点

（1）原料选择及处理　要求草莓新鲜成熟，当日采摘，当日进行加工。将草莓用流动水清洗，去净泥沙污物，然后去梗、萼片和青烂果。

（2）破碎　原料处理后，立即破碎，碎块大小3～5mm为宜。

（3）成分调整　破碎后进行糖度、酸度调整。加入 SO_2。

（4）前发酵　将果浆泵进发酵罐中，装量以不超过罐容积的80%为宜，加入活化好的果酒活性干酵母，混匀，在20～25℃下控温发酵，在发酵过程中每天泵循环2～3次，利于色素充分溶解到汁液中去。前发酵时间应该根据所要求浸渍物质的含量要求或者按照果汁残糖的含量来具体确定。前发酵结束后进行汁渣分离。

（5）压榨　榨酒时，为提高草莓酒质量，可将自流酒与压榨酒分开，小规模生产时可合二为一。

（6）后发酵　前发酵结束后，若酒液中仍残留部分糖，可进行后发酵，后发酵温度控制在 18～22℃为宜。当残糖浓度不再下降时，说明后发酵结束。

（7）倒酒及陈酿　后发酵结束后、酒液澄清后，立即倒酒，分离沉淀物。原酒进入贮酒陈酿阶段，注意满贮与用惰性气体或高度乙醇封口，温度控制在 15℃以下，一般 10 个月草莓酒即可达到成熟。

（8）澄清　加明胶和单宁，进行酒的澄清处理。低温澄清，澄清后硅藻土过滤机过滤。

（9）调整　按成品的要求对酒液进行糖度、酒度、酸度的调整。

（10）冷冻过滤、灌装　必要时可应用冷冻过滤，之后灌装即为成品酒。

二十三、清汁发酵草莓酒

1. 工艺流程

清汁发酵草莓酒工艺流程见图 3-24。

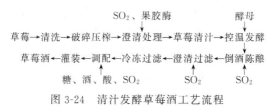

图 3-24　清汁发酵草莓酒工艺流程

2. 操作要点

（1）原料选择、清洗　原料草莓应充分成熟、色泽纯正。剔除病虫果、腐果、未成熟果、枝叶、草莓蒂等杂质，并清洗去除鲜果表面所带泥沙等污物。

（2）破碎　洗净、沥干的草莓，用破碎机破碎，碎块大小以 3～5mm 为宜。

（3）压榨　用压榨机榨取草莓汁。

（4）澄清处理　添加入 SO_2 和果胶酶，降温15℃以下静置澄清，取上部澄清汁发酵。

(5) 发酵　将澄清草莓汁泵进发酵罐，装液量以不超过罐容积的85％为宜，调整果汁的糖度和酸度。加入活化好的果酒活性干酵母，在 20～25℃ 下发酵，当发酵液残糖不再下降时乙醇发酵结束。

(6) 倒酒陈酿　发酵结束后倒酒，除去酒脚，满罐贮存，酒中游离 SO_2 保持在 20～30mg/L，高度食用乙醇或惰性气体封口。进行陈酿，陈酿温度 15℃ 以下，陈酿期为 3～10 个月。

(7) 澄清　加明胶和单宁，进行酒的澄清处理，在低温下澄清。澄清后的酒液用过滤机过滤。过滤后的清酒液必要时进行冷冻处理，处理后在同温下过滤。

(8) 调配　按成品的要求对酒液进行糖、酒、酸的调整。

(9) 冷冻、过滤、灌装。

二十四、青梅浸泡酒

青梅酒是果酒中的高档酒，目前基本分为浸泡配制、堆积发酵、低温控制发酵三种生产工艺。低温控制发酵属于现代化生产方式，工艺过程及质量可以被有效的严格控制，已广泛用于工业化生产。而浸泡配制酒则属于传统的泡制法，采用米酒或者黄酒来浸泡新鲜青梅果。堆积发酵因为生产设备和过滤设备的落后，这种工艺生产出来的青梅酒虽然口感独特，但是不易保存，沉淀问题也不易解决。

1. 工艺流程

青梅浸泡酒生产工艺流程见图 3-25。

青梅→清洗→刺孔→浸制→过滤→灌装→青梅酒

图 3-25　青梅浸泡酒生产工艺流程

2. 操作要点

(1) 原料选择　选用七成熟，色绿的梅果作原料。拣出成熟度较高的果实，剔除烂果，修整变色和病斑果。

(2) 清洗　用流水将梅果冲洗干净，沥干。

(3) 刺孔　每只梅果上刺孔 10 多个，刺孔深度要达到种核。

（4）浸制　按梅果 5kg、白酒 10kg、白砂糖 5kg 的配比进行 1～2 个月的浸制，浸制时间越长，风味越佳。浸制后即为梅酒，其副产品即为酸梅。

（5）包装　将浸制的青梅酒过滤装瓶。滤出的梅果按大小分级，即为酸梅。其果肉松脆，富酒香，味略酸。成品可用旋口瓶装或食品袋包装。

二十五、杨梅发酵酒

1. 工艺流程

杨梅发酵酒生产工艺流程见图 3-26。

图 3-26　杨梅发酵酒生产工艺流程

2. 操作要点

（1）杨梅分选　首先要选好杨梅品种。以瑞安高楼黑炭梅和茶山杨梅为好，这两种杨梅糖分高，酸度适中，色泽较深，香气足，口感柔和。请挑选新鲜、成熟度高、无破损的杨梅，去除叶子、果梗（果梗含有多量劣质单宁使酒味苦涩）。

（2）清洗　用流动清水漂洗 10～15min，洗去泥沙等杂质，沥干水分。

（3）破碎压榨　将原料放入桶或缸内捣烂，然后用干净纱布绞汁。每 100kg 杨梅可绞出果汁 70kg 左右。或用榨汁机进行破碎压榨。

（4）调整　杨梅酒榨汁后在接入人工酵母之前，加入 60℃ 左右的脱臭乙醇，使其达到 4%（体积分数）左右，再采取加第 1 次白砂糖 7%，使糖度提高到 14% 左右。第 1 次调糖后，加入 100mg/kg 二氧化硫。静止后，接入 10%～15% 的人工酵母培养液。发酵 2 天后，再补加 7% 白砂糖，发酵 4 天后，再第 3 次加入 5% 的白砂糖。发酵液 pH 值一般控制在 3.5～4.0，可采用 0.1%～0.5%的柠檬酸进行调节。在发酵之前，加脱臭乙醇的目的是在 4°的酒中，杂菌的生命活动受到抑制，不妨碍酵母的繁殖，同时也可以进行酯化作用，以达到增香目的。杨梅白兰地可作调节酒度使用。

（5）前发酵　将接好种的杨梅汁混匀，采用半封闭人工发酵，发酵温度严格控制在 20～23℃，并严格控制温度不超过 30℃，在杨梅前发酵过程中一定要保持发酵车间环境清洁卫生，前发酵时间一般为 4～6 天。

（6）换桶、调整　前发酵后所得到的杨梅新酒静置后换桶，除去酒脚（灰白色沉积物），并加入一定量的优质食用乙醇，将酒度控制在 16°～18°范围内，然后送入贮酒罐陈酿。

（7）后发酵　又叫老熟、陈酿。新酿成的杨梅酒必须在贮酒罐中经过一定时间的存放，酒的质量才能得到进一步提高。在陈酿过程中，经过氧化还原和酯化等化学反应以及聚合沉淀等物理化学作用，可使得芳香物质增加和突出，不良风味物质减少，改善杨梅酒的风味，使得酒体澄清透明，口味柔和纯正。后发酵采用密闭式发酵，时间约 6 个月。当发酵液残糖不再下降时乙醇发酵结束。

（8）下胶过滤　在经过陈酿后的原酒中加入明胶和单宁，搅拌均匀，静置，使原酒中的不稳定物质得到进一步沉淀。

（9）澄清　经过下胶处理后，除去沉淀物，将原酒进行过滤。

（10）装瓶、灭菌　把过滤后的原酒进行灭菌，加热至 80℃，冷却至室温后装瓶，即得杨梅酒。

二十六、苹果酒

1. 工艺流程

苹果酒生产工艺流程见图 3-27。

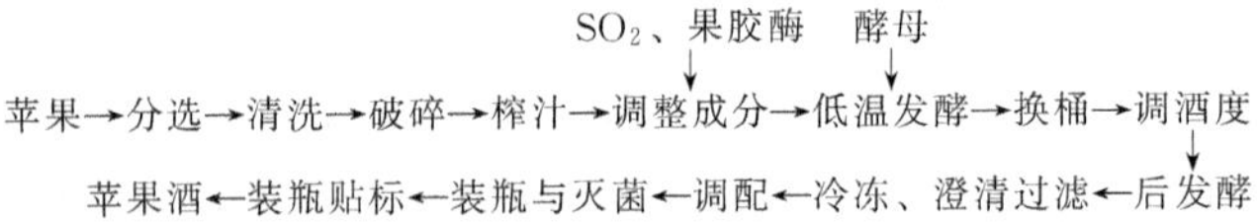

$$SO_2、果胶酶\qquad 酵母$$

苹果→分选→清洗→破碎→榨汁→调整成分→低温发酵→换桶→调酒度

苹果酒←装瓶贴标←装瓶与灭菌←调配←冷冻、澄清过滤←后发酵

图 3-27　苹果酒生产工艺流程

2. 操作要点

（1）原料分选　要选择香气浓、肉质紧密、成熟度高、含糖多的苹果，其中成熟度应占80%～90%。摘除果柄，拣出干疤和受伤的果子，清除叶子与杂草。用不锈钢刀（不可用铁制刀）将果实腐烂部分及受伤部分清除。干疤会给酒带来苦味，受伤果和腐烂果易引起杂菌感染，影响发酵的正常进行。

苹果果实的大小对苹果酒的质量有一定的影响，苹果果实的外层果肉含汁比内层多，苹果的香气多集中在果皮上，而小果实的比表面积大于大果实的比表面积，因此，小果实不仅出汁多、出酒多，而且果香芬芳。

（2）清洗　使用清水将苹果冲洗干净，沥干。对表皮农药含量较高的苹果，可先用1%的稀盐酸浸泡，然后再用清水冲洗。洗涤过程中可用木桨搅拌。

（3）破碎　使用破碎机将苹果破碎成0.2cm左右的碎块。但不可将果籽压碎，否则果酒会产生苦味。缺乏条件的小厂可采用手工捣碎，有条件的工厂可选用不锈钢制成的破碎机破碎，或者选用轧辊为花岗石或木制的破碎机，严禁使用铁轧辊。破碎要求彻底，以提高出汁率。

（4）榨汁　破碎后的果实立即送进压榨取汁。无条件的小厂也可采用布袋压榨。榨汁时加入20%～30%（体积分数）的水，加热至70℃保温20min，趁热榨汁。在榨取的果汁中加入0.3%（体积分数）的果胶酶，45℃保温5～6h，进行果汁澄清，澄清后的果汁过滤、去除沉渣（压榨后的果渣可经过发酵和蒸馏生产蒸馏果酒，用来调整酒度）。

（5）添加防腐剂　为了保证苹果发酵的顺利进行，压榨后的果汁必须添加防腐剂，以抑制杂菌生长。一般是加入二氧化硫，使浓度达到75mg/kg即可（范围60～100mg/kg），也可按50kg果汁中添加4.5g偏重亚硫酸钾。

（6）前发酵　压榨后的果汁先放在阴凉处静置24h。待固形物沉淀后，再将果汁移进清洁的发酵桶或缸内，装置为容器体积4/5，可采用天然发酵或人工发酵两种方法。天然发酵是利用苹果汁中所带有酵母菌发酵。人工发酵，可添加 3%～5% 的酒母，摇匀。发酵温度控制在 20～28℃，发酵期为 3～12 天。如果采用 16～20℃ 低温发酵，利于防止氧化，产品口味柔和纯正，果香浓酒香协调，发酵时间为 15～20 天。这主要根据当时发酵的状况而定。如温度高，酵母生长和发酵活力强，发酵期就短。发酵后期酒液应呈淡黄绿色，残糖在 5g/L 以下，表明前发酵结束。

（7）换桶　用虹吸方法将果酒移至另一干净桶中（酒脚与发酵果渣一起蒸馏生产蒸馏果酒）。

（8）调整　前发酵后的苹果酒一般酒度为 3%～9%（体积分数）。应添加蒸馏果酒或食用乙醇提高酒度至 14%。

（9）后发酵　将酒桶密封后移入酒窖。在 15～28℃ 下进行 1 个月左右的后发酵。后发酵结束后要再添加食用乙醇，使酒度提高到 16%～18%（体积分数）。同时添加二氧化硫，使新酒中含硫量达到 0.01%（体积分数）。经换桶后再进行 1～2 年的陈酿。陈酿是将酒长期密封贮存，使酒质澄清，风味醇厚。发酵液由酒泵打进洗净杀过菌的贮藏容器内，装满密封，以避免氧化。贮藏温度不要超过 20℃。陈酿期间要换几次桶，一般新酒每年换桶 3 次，第 1 次是在当年的 12 月份，第 2 次是在来年的 4～5 月份，第 3 次是在来年的 9～10 月份。陈酒每年换桶 1 次。

（10）冷冻、澄清、过滤　酒的贮存期结束后，应采用人工（或天然）冷冻的方法进行处理，使酒在 0～10℃ 存放 7 天，然后立即过滤。以提高透明度和稳定性。

（11）调配　成熟的苹果酒在装瓶之前要进行酸度、糖度和酒度的调配，使酸度、糖度和酒度均达到成品酒的要求。

（12）装瓶与灭菌　经过滤后，苹果酒应清亮透明，带有苹果特有的香气和发酵酒香，色泽为浅黄绿色。此时就可以装瓶。如果酒度在 16%（体积分数）以上，则不需灭菌。如果酒度低于 16%（体积分数），必须要灭菌。灭菌方法与其他果酒相同。

二十七、柿子酒

新采的柿果味涩，果实中含有大量单宁和果胶物质，应充分脱涩后破碎或打浆，添加果胶酶分解果实中的果胶物质，否则酿出的酒具有强烈的涩味，酒液混浊不清难以饮用。柿子酒淡黄色或金黄色，清亮透明，富有光泽，具有柿子特有的果香及醇厚的酒香；醇厚柔和，口味清爽，酒体完整。柿子酒风味浓郁而独特，深受消费者欢迎。

1. 工艺流程

柿子酒的生产工艺流程见图 3-28。

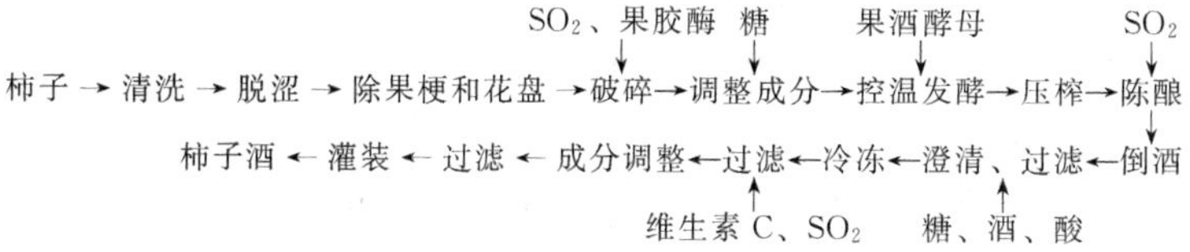

$$SO_2 、果胶酶\quad 糖\qquad 果酒酵母\qquad\qquad SO_2$$

柿子 → 清洗 → 脱涩 → 除果梗和花盘 → 破碎 → 调整成分 → 控温发酵 → 压榨 → 陈酿

柿子酒 ← 灌装 ← 过滤 ← 成分调整 ← 过滤 ← 冷冻 ← 澄清、过滤 ← 倒酒

$$维生素 C 、SO_2\quad 糖、酒、酸$$

图 3-28　柿子酒生产工艺流程

2. 操作要点

（1）原料选择　柿果要充分成熟，颜色由橙转红，果实含糖量高，出酒率也高，酿成的酒色、香、味均佳，一般多在霜降前后采收较为适宜。剔除有病虫害、损伤、腐烂果。

（2）清洗　用清水洗净柿子表皮的污染物，水中也可加入 0.05% 的高锰酸钾消毒，取出后再用流水冲洗直至无红色时为止（酒中残留量以锰计小于 2mg/kg）。清洗后沥干水分待用。

（3）脱涩　柿子脱涩方式有多种，可以选择一种进行脱涩处理，但要求柿子完全脱涩，否则果酒会因涩味过重，影响口感。

① CO_2 脱涩　将柿子放于密闭容器内，用钢瓶通入 CO_2 气体，使容器中 CO_2 浓度为 60% 左右，在室温环境中经 3～5 天可脱涩。

② 温水脱涩　将柿子浸于水温 45℃ 左右的容器中，水量以淹没柿子为宜。可通过在容器下加热或利用保温材料，及掺入热水调温等方式保持水温，浸泡 1 天左右。浸泡时间随果实成熟度的高低而不同，成熟度低的果实，浸泡时间稍长些。

③ 乙醇脱涩　将 35%～50% 乙醇喷于果面上，密闭，在室温下 3～5 天可脱涩。

④ 石灰水脱涩法　先用生石灰配成 3%～5% 的石灰水，过滤去渣，把清液倒入缸中，然后将柿子浸入石灰水中，经 3～4 天即可脱涩，如果适当提高水温，可缩短脱涩时间。

(4) 破碎与添加 SO_2　除去果柄和花盘，用破碎机破碎。破碎后果粒直径 3～5mm。添加 SO_2，添加果胶酶，分解果浆中果胶以提高出酒率，果胶酶的用量应参考产品说明并通过小试验来确定。

(5) 调整果浆成分　发酵前应对果浆的糖度、酸度做适当调整。若必须添加有机酸来调节果浆的 pH 值，应在添加 SO_2 之前加酸，降低果浆 pH 值，充分发挥 SO_2 的作用。

(6) 发酵　将果浆泵进发酵罐，容器充填系数控制在 80%，以防发酵时膨胀外溢。添加活化好的活性干酵母或培养酵母，并搅拌混合均匀。发酵过程中每日泵循环 3 次，将皮渣压下，使各部分发酵均匀。温度以保持在 20～25℃ 为宜，24h 后气泡逐渐产生而且愈来愈多，同时，液体温度逐渐上升，并听到蚕吃桑叶的沙沙声，如尝果汁，甜味减弱，酒味增浓。8～14 天声音沉寂，酒液温度开始下降，此时果汁中糖分大部分变为乙醇。测果汁含糖量不再下降时，发酵即告结束，绝大多数情况下，发酵液中糖含量低于 4g/L。

(7) 压榨　发酵结束后，立即把果肉渣和酒液分离，先取出自流汁，然后将果渣放进压榨机榨出酒液。必要时也可使果渣在酒中浸渍一段时间，待渣中的颜色、香气成分充分浸提出来。

(8) 原酒陈酿、倒酒　在分离出的原酒中补加 SO_2，高度食用乙醇封口，满罐陈酿。一般要陈酿 1～2 年，陈酿时间愈长，味道和酯香愈浓。陈酿结束后倒酒。

(9) 澄清　柿子酒可用单宁-明胶法进行澄清，单宁-明胶的具体用量可通过小试验来确定。澄清后用硅藻土过滤机过滤。

(10) 调整　测定原酒的糖度、酒度、酸度，按照成品的理化指标分别调整到规定值。

(11) 经过冷冻、过滤、灌装即为成品。

3. 注意事项

(1) 柿子果胶含量较高，难于将果汁从果浆中分开，所以一般采用果浆发酵法，而且在发酵过程中添加果胶酶来分解果胶以降低果浆黏度，提高出酒率。

(2) 柿子酒易发生酶促褐变和非酶褐变，致使色泽加深，风味变差。酿造过程中加入澄清剂以降低果酒中单宁的含量；通过满罐陈酿来减少酒液与氧的接触，并结合添加 SO_2 来防止褐变。

(3) 原料柿子应完全脱涩，否则果酒会因单宁含量过高而涩味过重，影响口感。

二十八、树莓酒

1. 工艺流程

树莓酒生产工艺流程见图 3-29。

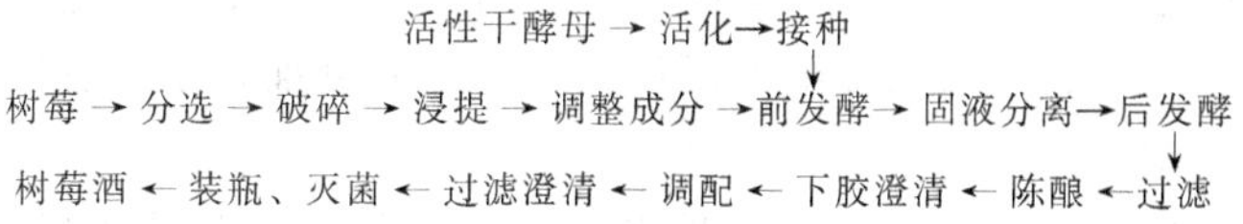

```
                        活性干酵母 → 活化 → 接种
                                           ↓
树莓 → 分选 → 破碎 → 浸提 → 调整成分 → 前发酵 → 固液分离 → 后发酵
                                                              ↓
树莓酒 ← 装瓶、灭菌 ← 过滤澄清 ← 调配 ← 下胶澄清 ← 陈酿 ← 过滤
```

图 3-29　树莓酒生产工艺流程

2. 操作要点

(1) 树莓果分选　由于树莓果有红色果、黑色果，其色泽可能影响成品酒的颜色，红树莓酒香味浓郁，色泽鲜艳，口感最好，黑树莓香味和口感都不及红树莓酒。红、黑树莓混合酒介于二者之间。

(2) 破碎　在破碎过程中，每粒果实都要破碎，汁液不能与铁、铜等金属接触。

(3) 浸提　在 65℃ 浸提 30min，然后再压榨取树莓汁做酿酒用。

(4) 调整成分

① 酸度调整　树莓汁的酸度为 17.2g/L，发酵前将酸度调整到 6～8g/L，或不调酸度直接发酵以做对比实验。

② 糖度调整　树莓汁的糖度为 5%～6%，发酵前将糖度调整到 22%。加糖时用果汁溶解制成糖浆，不加热，更不能用水溶解，加糖

后要充分搅拌，完全溶解。

③ 含氮物质调整 加入 $0.05\%\sim0.1\%$ 的磷酸铵或硫酸铵，作为酵母繁殖所需营养物质，以促使发酵正常进行。

(5) 前发酵 容器先用亚硫酸灭菌，亚硫酸用量为 $20mL/m^3$。灭菌后加入五分之四树莓汁，再加酵母进行发酵，酵母添加量为 $0.1\sim0.25g/L$（添加前要进行活性干酵母的复水活化）。温度控制在 $25\sim30$℃。发酵过程中每天测定糖分下降状况，并记录于表中，画出糖度变化曲线。发酵过程中若形成酒盖或皮盖，可以进行人工压盖，将酒盖压入汁中。当糖分下降速度变化不明显，有少量气泡，酒盖下沉，液面平静，有明显酒香，无霉臭和酸味，可视为前发酵结束。

(6) 固液分离 将酒液从排出口放净，自流酒液通过金属网筛流入承接桶，然后送入后发酵。

(7) 后发酵 温度控制在 $18\sim20$℃，每天测定品温和酒度 $2\sim3$ 次，并做记录。隔绝空气，定时检查水封状况，观察液面是否有杂菌膜和斑点。如有，表明被醋酸菌污染，应及时倒桶并添加适量的亚硫酸，并控制品温。

(8) 贮存陈酿 在贮存过程中，由于乙醇的挥发或被容器吸收，酒量会逐渐减少，因此顶部可能出现空隙而进入空气，引起好气性细菌的繁殖，应注意添酒。

在贮存过程中，果酒中的酵母、不溶性矿物质、蛋白质以及其他残渣会产生沉淀，所以必须定期换桶或换缸。

(9) 澄清 采用自然澄清法、蛋清澄清法和明胶-单宁澄清法。

(10) 调配 对酒度、糖度和酸度进行调配，使酒味更加醇和。原酒的酒度如果达不到要求，可用同类高度果酒或添加果实蒸馏酒进行调配。糖度调整通常用同品种的浓缩果汁或蔗糖进行调配。酸度最好加入柠檬酸调配，若酸度过高可通过提高果酒含糖量来降低酸度，或稀释后再加糖补充。

(11) 过滤澄清 调配后还可能产生沉淀，因此还要进行过滤，然后再贮藏一段时间。

(12) 装瓶灭菌 在 $60\sim70$℃温度下灭菌 $10\sim15min$。

二十九、黑加仑果酒

1. 工艺流程

黑加仑果酒由于糖度降低，酸味突出，需添加蔗糖调整口感，含糖量大于 50g/L，故归入甜型果酒。黑加仑果酒生产工艺流程见图 3-30。

```
                        果酒干酵母 → 活化 → 接种
                                          ↓
黑加仑 → 清洗 → 榨汁 → 过滤 → 巴氏灭菌 → 调整成分 → 前发酵 → 后发酵
                                                              ↓
黑加仑果酒 ← 装瓶 ← 灭菌 ← 硅藻土过滤 ← 调整成分 ← 陈酿
```

图 3-30 黑加仑果酒生产工艺流程

2. 操作要点

(1) 选料 把黑加仑洗净，沥干备用。

(2) 榨汁、过滤、灭菌 把沥干的黑加仑放入榨汁机中榨汁。由于天然黑加仑浆果酸度较高，故可利用自身所含高（柠檬）酸作防腐剂，抑制杂菌的生长，避免添加 SO_2 等防腐剂来达到增酸抑菌的效果。过滤，巴氏灭菌。

(3) 调整成分 为提高果汁含量，在蔗糖溶解时需采用黑加仑果汁做溶剂。采取一次性补足糖分，可溶性固形物调至 23°Bx，蔗糖用稀释后的原汁充分溶解后加入。

(4) 安琪活性果酒干酵母活化 在 36℃下活化 20min，然后在 32℃下活化 1h，充分冷却至果汁温度后方可接种。接种酿酒酵母的添加量为 12%，生香酵母的添加量为 1%。

(5) 前发酵 在 24℃恒温箱中发酵 7 天，可溶性固形物随时间的变化而逐渐降低。单独使用酿酒酵母，母酒的风味较单一，故添加一定量的生香酵母同时进行发酵，并在发酵结束时再添加黑加仑香精，以维持黑加仑果酒的独特风味。

(6) 后发酵 由于该果酒不添加任何防腐剂，后发酵时间过长，易发生褐变反应影响色泽，故后发酵时间采用 20 天，在 17℃温度下，且在避光阴凉处后发酵。

（7）调整成分　根据口感调整糖酸比例，同时回添天然黑加仑香精以增加其黑加仑果酒的独特风格。

（8）过滤　采用硅藻土作澄清剂，用真空抽滤的方法进行过滤。

（9）灭菌　由于微生物抗热性受乙醇含量影响，同时 65～90℃ 属酸性饮品的最佳巴氏灭菌温度。一般采用 73℃ 进行巴氏灭菌，时间保持 30min 效果最好。

三十、蟠桃酒

1. 工艺流程

蟠桃酒生产工艺流程见图 3-31。

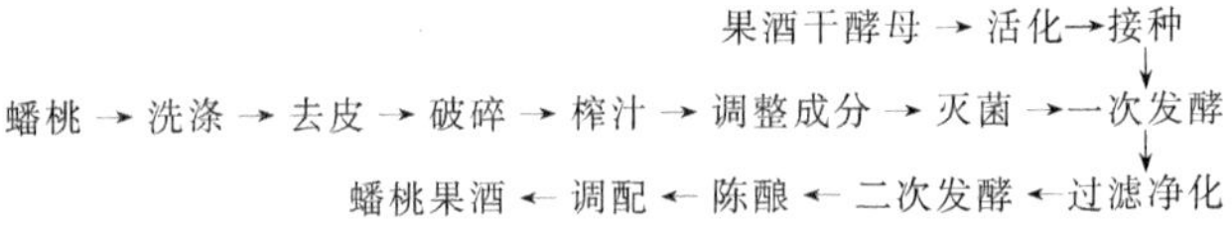

```
                              果酒干酵母 → 活化 → 接种
                                                ↓
蟠桃 → 洗涤 → 去皮 → 破碎 → 榨汁 → 调整成分 → 灭菌 → 一次发酵
                                                        ↓
蟠桃果酒 ← 调配 ← 陈酿 ← 二次发酵 ← 过滤净化
```

图 3-31　蟠桃酒生产工艺流程

2. 操作要点

（1）桃品种的选择　由于桃子品种繁多，所以对各种充分成熟桃子糖度测定，选择糖度合适且价格便宜的新疆产蟠桃进行试验。在柚桃、水蜜桃和蟠桃的比较中，蟠桃糖度最高，酸度也较高，榨汁率和汁液澄清度均较其他两种桃类高，所以选择蟠桃酿造果酒。选取时要选取充分成熟的果实作为酿酒的原料，过于成熟的果实极易染上细菌，给生产带来困难。

（2）鲜桃榨汁　将清洗干净且去皮的鲜桃放入榨汁机中榨汁。由于榨汁后桃子汁液较黏稠，不利于桃汁发酵，所以应进行果胶酶处理，从而使桃汁较澄清以促进发酵。

（3）调整　得到较清桃汁后应对桃汁进行糖度和酸度的调整以便得到符合要求酒度的产品。糖度调整到 17°Bx（用糖度仪测定，意思是可溶性固型物含量为 17%），pH 值调到 3.5 左右。

（4）固定化酵母的制备　传统的游离细胞发酵酿酒，酵母随发酵液的流失，造成发酵罐中酵母细胞浓度不够大，使乙醇发酵速率慢，发酵时间长，设备利用率不同等缺点。而固定化酵母发酵大量节约培养酵母的设备和原料，大大减少酵母增殖的时间，提高了发酵强度。

称取 2.5g 海藻酸钠加蒸馏水到 100mL，加热搅拌溶解，冷却后加 10g 酵母粉搅拌均匀。再配制 0.2mol/mL 氯化钙 200mL，将海藻酸钠酵母液用滴管滴入氯化钙液中成珠状。将固定化细胞珠用无菌水洗 3 次。取灭菌的沙包培养基（蛋白胨 10g，葡萄糖 40g，溶解于 1L 蒸馏水中）按每 1mL 培养基加 5μg 青霉素。将洗涤后的固定化酵母加入，28℃培养 2 天。

（5）过滤净化 经发酵后发酵罐中将有沉淀、其他发酵杂质及废酵母，所以需进行澄清处理。

（6）二次发酵 二次发酵一般在 18～20℃发酵 20～30 天。

（7）陈酿 经一次和二次发酵制得的酒还含少量残糖、色素颗粒、蛋白质、单宁等杂质，果酒混浊，口感不好。将新酒进行较长时间的陈酿，使酒中的残糖充分发酵，杂质逐渐沉淀，酒中的酸与乙醇发生酚化反应生成酚类芳香物质，即成为成熟的老酒。

（8）果酒的调配 酒度一般达到 12%～13%（体积分数），若酿造后酒度达不到要求可用其他酒补足。

三十一、桑葚酒

1. 工艺流程

桑葚酒生产工艺流程见图 3-32。

$$SO_2、果胶酶$$

桑葚果 → 验收 → 清洗 → 分选 → 破碎 → 压榨 → 果汁 → 过滤 → 调整成分

装瓶 ← 过滤 ← 陈酿 ← 调整成分 ← 澄清处理 ← 后发酵 ← 前发酵

灭菌 → 贴标包装 → 桑葚果酒

图 3-32 桑葚酒生产工艺流程

2. 操作要点

（1）原料清洗、分选 桑葚进厂后，要马上进行清洗和分选，不能过久堆放和冲洗，避免损坏果实。

（2）破碎、压榨　破碎时，采用不锈钢滚筒式破碎机为宜，用板框式压滤机压滤，压榨后的果皮连同皮籽实，可直接提取色素。果渣另加糖水发酵，进行蒸馏白兰地，供调整成分时使用。在破碎时，添加二氧化硫，加入量在 70～90mg/kg，然后进行发酵。

（3）调整　果汁进入发酵罐后，必须调整糖度，使发酵总糖在 20％左右。

（4）前发酵　由于发酵均在每年 6 月进行，室内自然温度在 30℃以下，不需调温。前发酵一般只需 24～30h 即可完成。然后进行后发酵。

（5）后发酵　后发酵主要使粗酒中残糖继续发酵成乙醇。

（6）澄清处理　后发酵结束时，进行澄清处理，加入明胶或蛋清及用硅藻土过滤，即可得到宝石红色泽的透明桑葚酒。

（7）陈酿、过滤、装瓶　桑葚酒一般需陈酿半年以上，方可过滤装瓶。

三十二、西瓜红酒

1. 工艺流程

西瓜红酒生产工艺流程见图 3-33。

活性干酵母 → 活化 → 接种

西瓜 → 挑选 → 清洗 → 去籽 → 榨汁 → 过滤 → 巴氏灭菌 → 调整成分 → 前发酵

西瓜红酒 ← 装瓶 ← 灭菌 ← 澄清 ← 下胶处理 ← 后发酵 ← 分离

图 3-33　西瓜红酒生产工艺流程

2. 操作要点

（1）原料清洗　挑选一些含糖量高而又完整的好西瓜为原料，用清水清洗西瓜表面的泥沙及其他杂物。

（2）榨汁　用破碎的方法将西瓜打开，榨取汁液，同时去除西瓜籽。

（3）过滤　将榨出的西瓜汁用两层纱布过滤，取得西瓜汁。

（4）巴氏灭菌　将西瓜汁在 65～70℃条件下保温 15min 左右，

然后过滤。

（5）调整成分　经巴氏灭菌后的西瓜汁，要对其进行成分调整，在发酵初期一次性补足糖分，调整糖度到 20%。

（6）活化　在 40℃左右将酵母活化 15～30min，使之充分冷却到接种温度，然后将活化好的酵母液接入调整成分后的果汁中，接种量为 15%。

（7）前发酵　将接种好的西瓜汁混匀，采用半封闭发酵，发酵温度一般控制在 20～25℃，并严格控制温度不超过 25℃，在发酵过程中一定要保持发酵室的环境清洁卫生，发酵时间一般为 5～6 天。将前发酵所得的西瓜酒静置后换桶，除去酒脚沉积物，并加入一定量的优质食用乙醇，将酒度调至 18%～20% 范围内，然后进入贮酒罐陈酿。

（8）后发酵　新酿成的西瓜酒必须在贮酒罐中经过一定时间的存放，酒的质量才能得到进一步提高。在陈酿过程中，经过氧化还原和酯化等化学反应以及聚合沉淀等物理化学作用，可使其芳香物质增加和突出，不良风味物质减少，蛋白质、单宁、果胶等沉淀析出，改善酒的风味，使得酒体澄清透明，口味柔和纯正。后发酵采用密闭式发酵，时间至少 1 个月，时间长效果更好。

（9）下胶处理　在陈酿后的原酒中加入明胶和单宁搅拌均匀，静置使原酒中的不稳定物质得到进一步沉淀。

（10）澄清　经过下胶处理后，除去沉淀物，将原酒进行过滤。

（11）灭菌、装瓶　把过滤后的原酒加热至 80℃灭菌，冷却至室温后装瓶，即得西瓜红酒成品。

三十三、番茄酒

1. 工艺流程
番茄酒生产工艺流程见图 3-34。

2. 操作要点

（1）选料　未熟的番茄含糖量低，风味欠佳，成熟的果实色、香、味皆好，而过熟的番茄反而会降低香味，且易腐烂变质。因此，

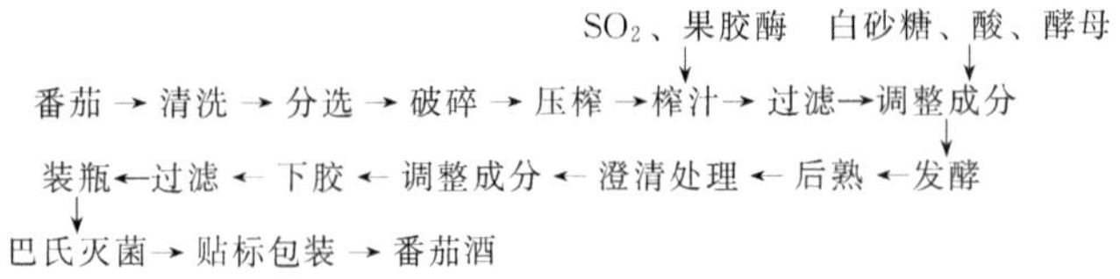

$$SO_2、果胶酶 \quad 白砂糖、酸、酵母$$

番茄 → 清洗 → 分选 → 破碎 → 压榨 → 榨汁 → 过滤 → 调整成分

装瓶 ← 过滤 ← 下胶 ← 调整成分 ← 澄清处理 ← 后熟 ← 发酵

巴氏灭菌 → 贴标包装 → 番茄酒

图 3-34　番茄酒生产工艺流程

应选择适宜的采收期。在采摘前 2~3 天，不应浇水，以增加果实的固形物含量而减少水分的含量。

（2）清洗　剔除那些生青的和腐烂变质的果实后，用清洁流动的水冲洗果实，以去除浆果表面的泥土杂质，保证成品番茄酒本身自然风味的纯正。

（3）压榨、过滤　压榨汁进行过滤，滤渣和压榨出来的皮渣一并加入白砂糖进行发酵，蒸馏，得到的是番茄白兰地，可备调配酒时使用。

（4）白砂糖液制备　将纯净的水在夹层锅中煮沸后，立即将称好的白砂糖倒入，不停地搅拌，同时，按每 1kg 糖加入柠檬酸 10g，待糖全部溶解后趁热过滤，冷却备用。

（5）配料　将破碎的番茄自流汁和压榨汁进行混合，使之充满池罐的 80%，再依次加入 80mg/L 的二氧化硫和 5% 的人工培养酵母液，待发酵启动后，添加白砂糖，其用量根据以下公式计算：

$$X = V \times (1.7A - B)/100$$

式中，X 为应加白砂糖的数量（kg）；V 为番茄汁的体积（L）；A 为发酵结束后 100L 酒中含有的酒精体积（L）；B 为 100L 番茄汁液中的含糖量（kg）。每生成 1L 酒精所需要的白砂糖为 1.7kg。

在发酵初期，先加总糖量的 60%，待发酵糖度降到 6%~7%，再将剩余的 40% 的糖加入，整个发酵温度应保持在 18~22℃。

（6）发酵　经 7 天左右，当发酵的糖度降至 4g/L 时，立即转池进行为时 1 个月的后发酵。后发酵结束的原酒经转池除去酒脚后，添加经过脱臭处理的可食用乙醇，使乙醇含量提高到 16%，以抑制微生物的活动；同时添加 60mg/L 的二氧化硫，这样可防止番茄原酒的氧化。

（7）调配　原酒经 6～12 个月的贮存陈酿后，进行糖、酒、酸等成分的调配，使各物质保持恰当的比例关系，以体现出番茄酒的良好口感和独特风味。

（8）下胶　调配后的酒用 300～600mg/L 皂土进行下胶处理。皂土本身带负电荷，它与酒中带正电荷的蛋白质等成分相互结合，形成较大的复合物，并在下沉过程中吸附以悬浮状态存在于番茄酒中的杂质。下胶时，先取 10～12 倍的热水（50℃左右）将皂土逐渐加入并搅拌，使之均匀分布，经过两周以后，进行转池分离。

（9）过滤　分离后的调配酒，在 −5℃ 的温度下保持 5～6 天后，趁冷用硅藻土过滤机进行过滤。

（10）灌装　番茄酒灌装所用的瓶子必须彻底清洗干净，并剔除破损和异型的瓶子；同时，灌酒应在无菌条件下进行，并做到计量准确。

（11）封口　封口必须严紧，保证酒和空气隔绝，不能有渗漏酒的现象发生，否则随着时间的延长，成品番茄酒会因氧化或微生物的繁殖而变质。

（12）灭菌　将瓶装酒在水温为 68～72℃ 的水槽中，加热灭菌15～20min，以杀死酒和瓶内的微生物。灭菌后的瓶装酒，需在灯光下逐瓶检查，挑出有悬浮夹杂物的不合格产品，并统计数量；寻找产生次品的根源。

（13）贴标　贴标要求平整，大小标的位置要适中，中线要对齐。为使瓶面清洁，贴标后要用半干的抹布将瓶面黏附的糨糊擦掉。

（14）套胶帽　为了进一步防止瓶内酒与外界接触和螺旋金属瓶盖氧化，增加整个包装的美感，需给瓶盖套上胶帽，并在瓶子的四周裹上一层玻璃纸或塑料薄膜。

在番茄酒的整个生产过程中，要注意酿造场所、管道设备等的卫生干净，以防细菌污染；同时要避免酒液暴露于空气中，以防氧化，导致番茄酒的风味质量下降。

三十四、菠萝果酒

1. 工艺流程

菠萝果酒生产工艺流程见图 3-35。

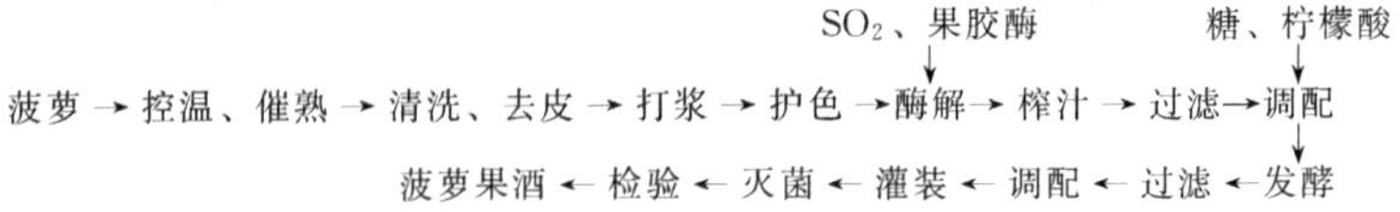

$$SO_2、果胶酶 \qquad\qquad 糖、柠檬酸$$

菠萝 → 控温、催熟 → 清洗、去皮 → 打浆 → 护色 → 酶解 → 榨汁 → 过滤 → 调配

菠萝果酒 ← 检验 ← 灭菌 ← 灌装 ← 调配 ← 过滤 ← 发酵

图 3-35 菠萝果酒生产工艺流程

2. 操作要点

(1) 选料 原料要求无腐烂变质、无变软、无病虫害。贮藏的条件是温度为 15～18℃，湿度为 90%～95%。人工催熟方法：冷藏后催熟的环境条件是温度 20～25℃，初期的相对湿度为 90%，中后期为 75%～80%。市场上经常使用乙烯利作为催熟剂进行催熟。

(2) 清洗打浆 用人工除皮、取出果囊、去果仁、用清水洗去果肉表面的杂质，将果肉放入打浆机打浆。

(3) 添加 SO_2 护色 为抑制杂菌生长繁殖，打浆后应立即添加 SO_2 护色。

(4) 酶解榨汁 添加 SO_2 量为 50～100mg/L，添加 3h 后再添加果胶酶（果胶酶可以分解果肉组织中的果胶物质），果胶酶用量为 100mg/L。在适宜温度处理 6～8h。压榨过滤除去沉淀物即得菠萝澄清汁。

(5) 成分调整 为保证发酵后的成品中保持一定的糖度和酒度，含糖量调整为 21%，添加蔗糖调整至合适的浓度。

(6) 发酵 在经调整的发酵液中添加一定量的活化酵母液，酵母接种量为 5%。在控温的 24℃条件下进行发酵，每日测定酒度、温度、可溶性固形物、相对密度、糖度及总酸的变化，以保证发酵的正常进行。

(7) 澄清处理 酒液密封一段时间后，取上清液经硅藻土过滤得澄清酒液。

(8) 陈酿 将澄清酒液置于较低的温度下存放。

(9) 调配 在调配前，先测定酒液的糖度、酸度和酒度，按质量指标要求进行调配。使得主要理化指标达到企业标准的要求。

（10）冷处理　－5～－6℃处理3～5天。冷处理后进行过滤，以除去形成的沉淀。

（11）灌装、灭菌　酒瓶冲洗、滴干水后即可灌装。在65～70℃灭菌15～25min。

三十五、木瓜果酒

1. 工艺流程

木瓜果酒生产工艺流程见图3-36。

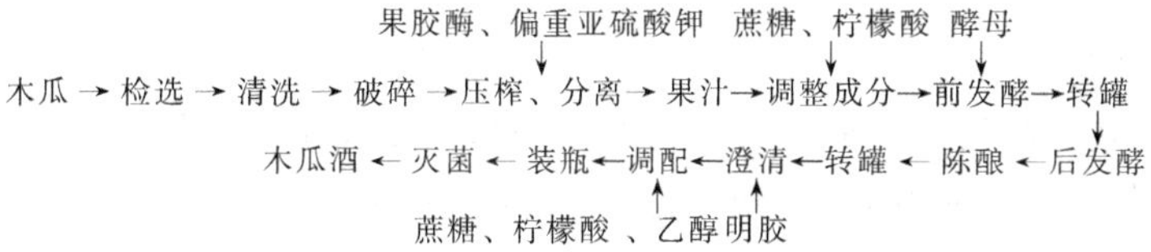

```
                果胶酶、偏重亚硫酸钾   蔗糖、柠檬酸 酵母
                        ↓                ↓       ↓
木瓜 → 检选 → 清洗 → 破碎 →压榨、分离→ 果汁→调整成分→前发酵→转罐

木瓜酒 ← 灭菌 ← 装瓶←调配←澄清←转罐←陈酿←后发酵
           蔗糖、柠檬酸、乙醇明胶
```

图3-36　木瓜果酒生产工艺流程

2. 操作要点

（1）检选　选择八九分成熟、无腐烂变质、无病虫害及机械损伤的木瓜果实。

（2）清洗　用清洁流水洗去表面大量微生物和泥沙，去除果核。

（3）破碎　将果实破碎成为果肉和果汁相混合的疏松状态，加入0.1%果胶酶，并按100mg/kg加入2%偏重亚硫酸钠溶液，混匀。

（4）压榨　用榨汁机压榨，要先轻后重，待果汁流量高峰过后再逐渐加压，如有必要可添加3%左右的助滤剂。

（5）成分调整　为了保证果酒质量，要对其成分进行调整。添加蔗糖调整果汁含糖量为20%～22%，加柠檬酸调整总酸在0.6～0.8g/100mL为宜。

（6）前发酵　将调整后的果汁醪液置于前发酵罐中，加入培养好的酵母液，接种量为5%，在18～22℃发酵3～4天，发酵期间应抽汁循环3次。发酵至醪液中残糖在1.0%以下，酒度为9.5%～10.0%（体积分数）时，结束前发酵。

（7）转罐与后发酵　将前发酵罐中的醪液送入后发酵罐，使未发酵完的醪液完全发酵，注意转罐时不要溶入较多的空气，容器要装满，以防止过多空气进入，造成醋酸菌污染和氧化混浊。后发酵宜在10℃温度条件下，经过2~3周，至醪液中残糖含量降至0.1%以下，后发酵完毕。

(8) 陈酿　新酒口味平淡，香气不足，甚至混浊不清，经过陈酿的果酒，清亮透明，醇和可口，酒香浓郁。陈酿应在温度为0~4℃，相对湿度为85%的条件下，贮存3~6个月。

(9) 转罐　陈酿期间转罐的目的是去除果汁中的酵母、蛋白质、不溶物等沉淀。转罐用泵输送或采用虹吸法，宜在空气隔绝情况下进行，减少果酒与空气的接触，避免造成酸败。

(10) 澄清　陈酿期间加入明胶的目的是在单宁的影响下，使悬浮的胶体蛋白质凝固而生成沉淀。在沉淀下沉过程中，酒液中的浮游物附着在胶体上一起下沉到底，使酒变得澄清。木瓜果酒得益于单宁含量高的特点，果酒稳定性好，加入明胶0.3g/L，一周左右酒液即可澄清。

(11) 调配　陈酿好的酒可根据市场需求进行调配，主要调配果酒的酒度、糖分、酸度、色泽及香气等。

(12) 装瓶灭菌　果酒在装瓶前需进行一次精滤和空瓶消毒，装瓶密封后在60~70℃温度下灭菌15min。酒度在16%（体积分数）以上的果酒，可不用灭菌，装瓶密封即可。

(13) 成品　检验果酒中是否有杂质、装量是否适宜，合格后贴标、装箱，在低温下保存。

3. 注意事项

(1) 发酵温度的控制　发酵温度要控制在18~22℃，温度过低，发酵缓慢；温度太高，发酵过于猛烈，会给酒带来苦涩味，酒质粗糙。温度过高对酵母的生长代谢也不利，酵母的早衰使后发酵难以顺利完成，同时，残糖也会给各种杂菌感染创造条件，影响酒的质量。

(2) 原料的成熟度　未经后熟软化的木瓜鲜果糖度低，单宁含量高，酿造中产酒率低，且给果酒带来涩味；过熟过软果实易受霉菌污染，使酒液挥发酸升高，总酸升高，产酒率很低；只有八九成熟的微软果，糖含量高，产酒率高，汁液清香、风味好。所以，对刚采摘的鲜果，需经后熟软化处理，使其微软时再行破碎发酵。

（3）明胶用量的确定　明胶的使用量必须适当，不能过量，否则便适得其反，而且也必须含有一定量的单宁物质，否则无效。由于原料和发酵程度的差异，在确定加入明胶用量时应做小型试验，然后放大。

三十六、枇杷酒

1. 工艺流程

枇杷酒生产工艺流程见图 3-37。

图 3-37　枇杷酒生产工艺流程

2. 操作要点

（1）枇杷原料　要求采摘黄色（九成熟）的果实，此时的果实固形物含量高，香味浓郁，汁液多，进厂枇杷应控制可溶性固形物在 10% 以上，总酸含量 3～6g/L，无泥沙等异物，农残符合国家标准。

（2）破碎　采用不锈钢单道打浆机去核破碎，去核率≥99%，果核破碎率≤1%，果核中含有大量鞣质和脂肪，增加酒的苦涩味。

（3）发酵　采用控温发酵，根据南方 4～6 月气温情况，控制发酵罐内品温在 25～30℃，前发酵时间 7～15 天，后发酵时间 20～30 天，发酵酒中残糖降低至 4g/L 以下。后发酵结束，立即转罐陈酿。

（4）陈酿　通过添桶、换桶、倒罐、下胶澄清、冷冻等技术措施，保证枇杷酒陈酿期中的氧化、酯化、缔合和沉淀反应的正常进行，采用冷热处理，常温下至少保证 3～6 个月自然陈酿期。

（5）澄清　枇杷酒中加入蜂蜜不仅可以强化果酒的营养，还可以用作果酒的澄清剂，改善其产品风味。因此将蜂蜜加到被澄清搅拌液中，充分搅拌混合均匀后，静置混合液。从混合液开始凝聚，一直到沉淀完全，就要看蜂蜜的种类、用量及作用温度，一般需要 0.5～24h 不等。如果当蜂蜜含量在 0.5％以上时，有明显的澄清效果，当然，用量大些，可以显著提高澄清效果。一般以 2％～4％为宜。另外，当蜂蜜与果胶酶同时使用时，要比单独使用蜂蜜澄清速度快20～30 倍。

三十七、荔枝酒

目前在酿造方法上有果浆发酵法和清汁发酵法。

1. 工艺流程

荔枝酒具有荔枝典型的果香和醇厚、清雅、谐调的酒香；具有纯净新鲜爽怡口感，酒体纯正、完整，谐调适口。荔枝酒清汁发酵法生产工艺流程见图 3-38。

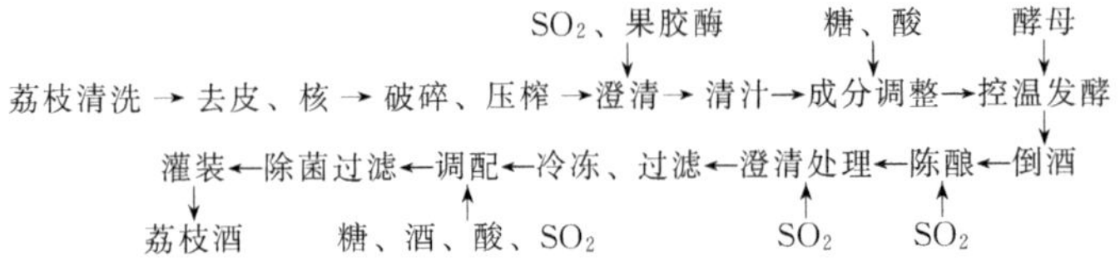

图 3-38　荔枝酒清汁发酵法生产工艺流程

2. 操作要点

（1）原料选择　荔枝品种很多，所有的荔枝品种都可以生产荔枝酒。一般选择原料时要求出汁率高、充分成熟、香气浓的荔枝果。荔枝果出汁率较低。核小、果肉丰盈的果实出汁率较高。剔除原料中的腐烂果，去除枝叶。

（2）清洗　将荔枝果实浸入 1％～2％的 SO_2 中 1min 左右捞出。流水洗净、沥干。

（3）去皮、核　机械或人工去皮、核。皮、核应除净，并仔细检查除去腐烂的果肉与残核。

（4）破碎、压榨　破碎后最好采用气囊压榨机压榨，取汁。由于荔枝汁的 pH 值较高，用苹果酸、酒石酸或柠檬酸将果汁的 pH 值调节到 3.8 以下，加入适量 SO_2 抑制杂菌生长。

（5）果胶酶澄清 根据果胶酶产品说明添加适量果胶酶，静置澄清。澄清后分离清汁，将清汁泵入发酵罐中。

（6）调整成分 调整果汁糖度，用果汁充分溶解后，泵入发酵罐中与果汁混匀。

（7）发酵管理 将果汁泵入发酵罐中，装量以发酵罐有效体积的85％为宜，将活化好的果酒活性干酵母加入到发酵罐中，混合均匀，18～20℃发酵。当相对密度降至 0.992～0.996，残糖不再下降时，发酵停止。降温至 15℃以下静置澄清。酒液澄清后倒酒，补加 SO_2 至游离 SO_2 为 0～30mg/L，满罐贮存，必要时用食用乙醇或惰性气体封口。

（8）陈酿 荔枝原酒在 15℃以下满罐陈酿，陈酿期约 4 个月，在口感上已趋于成熟，果香优雅，酒液澄清，酒体新鲜、完整、协调。

（9）澄清处理与冷冻 选择皂土对荔枝原酒进行澄清处理。酒液澄清后分离、过滤，若有必要，将过滤后的清酒进行冷冻处理，并在同温下过滤得晶亮的原酒。

（10）调整、灌装 根据成品酒要求，调整荔枝原酒的糖、酒、酸含量，之后灌装。

3. 注意事项

荔枝果去皮去核后，可用苹果酸、酒石酸或柠檬酸将果汁的 pH 值调节到 3.8 以下，加入适量 SO_2 抑制杂菌生长，加入果胶酶，低温（15℃以下）浸渍 15～24h 后再进行压榨取汁，以提高出汁率，浸出果肉中的有益成分。

三十八、火龙果酒

1. 工艺流程

火龙果酒生产工艺流程见图 3-39。

火龙果鲜果 → 分选 → 去皮切碎、打浆 → 离心分离、过滤 → 调整 → 巴氏灭菌 → 冷却

火龙果酒 ← 装瓶 ← 灭菌 ← 过滤 ← 澄清 ← 下胶处理 ← 后发酵 ← 分离酒脚 ← 前发酵

酵母

图 3-39 火龙果酒生产工艺流程

2. 操作要点

（1）分选　挑选充分成熟的无病虫害及无残疾的新鲜火龙果。

（2）去皮切碎、打浆　清洗干净后去皮，用机械破碎的方法破碎并打浆。

（3）离心分离、过滤　在发酵液中加入0.15%的偏重亚硫酸钠以抑制杂菌的生长。先将偏重亚硫酸钠配制成5%的溶液，然后立即倒入果汁中。添加偏重亚硫酸钠的目的是利用其反应释放出的SO_2，主要作为灭菌剂，抑制各种微生物活动，还有抗氧化作用；SO_2能防止酒的氧化，特别是能阻碍和破坏多酚氧化酶，减少单宁、色素等的氧化，提高产品的稳定性，防止火龙果果酒褐变；澄清作用，SO_2的加入抑制了微生物的活动，因而推迟了发酵开始时间，有利于火龙果果酒中悬浮物的沉降，提高酒液澄清效果。之后进行过滤。

（4）调整　火龙果经去皮、打浆、离心分离、过滤后，首先对其成分进行调整，采用发酵初期一次性补足糖分，火龙果自身总糖含量在12%左右，自身发酵的酒度很低。为了提高酒度，可将发酵液总糖调至25%。此外，将发酵液酸含量调至0.3%，pH值为3.2。

由于气候的千变万化，很难保证所收获的火龙果处于理想的成熟状态。因此，单纯用这种组成不理想的火龙果是不可能酿制出优质的火龙果酒。为了弥补火龙果组成的某些缺陷，在规定允许的情况下，可人为地添加一些成分在火龙果果汁中以调整火龙果果汁的组成。如添加糖可提高火龙果果酒的乙醇含量；果汁的酸度不足，可适当加入柠檬酸。有时还需要添加单宁以弥补火龙果中单宁的缺乏。

（5）巴氏灭菌　采用70℃巴氏灭菌，这样既能杀死细菌又能使发酵液容易澄清，同时不影响火龙果果酒的固有风味。

（6）前发酵　一般酵母用量为0.20g/L。先将含5%的葡萄酒高活性酵母的蔗糖溶液和果汁在40℃下活化1h，倒入发酵液中，搅匀；将接种好的发酵液混匀，采用封闭式发酵，温度控制在25℃。发酵过程中一定要保持发酵环境的清洁卫生，发酵时间为6~7天。

（7）分离酒脚　将前发酵所得的火龙果果酒静置后换桶，除去酒脚（沉淀物），然后进入陈酿；新酿成的火龙果果酒必须在贮酒罐中经过一定时间的存放，酒的质量才能得到进一步提高。

（8）后发酵　后发酵过程也是陈酿过程，整个变化可以分述为下列几个变化：酒液与氧的反应，色泽物质组成的变化，香味物质组成的变化。后发酵采用密封式发酵，时间至少 1 个月，时间长效果更好。

（9）下胶处理　在陈酿后的原酒中加入明胶和单宁搅拌均匀，静置使原酒的不稳定物质得到进一步沉淀。下胶时的温度不能低于8℃，最高不能超过30℃。如果酒温低，下胶物质往往受冷凝结，不能均匀分散到酒内，胶体物质间的作用也不完全，虽然凝聚快，但澄清效果不好。温度偏高，虽然有利于下胶物质的分散和利用，但凝聚慢，凝聚物体积小，不易沉淀，所以最佳的下胶温度为20℃左右。

（10）澄清　火龙果富含果胶，因此榨汁困难且出汁率较低，如果条件允许，可加入一定量的果胶酶，再经离心机过滤出沉淀物，提高出汁率，这样所得到的果汁就是澄清透明的。经过下胶处理的酒液，需要除去沉淀物和悬浮物，并对原酒进行过滤。为了酿造出澄清的火龙果果酒，在整个酿造过程中，往往需要多次分离混浊物质。酿酒行业常用的分离方法有过滤法和离心法。

（11）灭菌、装瓶　火龙果果酒的酒度较低，如果不是采用无菌罐装，在装瓶后应立即加热至80℃灭菌。加热的要求是：加热要稳定达到灭菌温度即停，保温时间要够，一般为15min，冷却的时间、速度要快，但不可骤冷。灭菌温度过高或时间过长，对酒的风味将会产生不良影响，而温度太低或时间太短，又难以达到灭菌要求。装瓶是把已经过滤澄清处理符合质量指标的火龙果酒灌入玻璃瓶中，再密封。

三十九、椰子酒

1. 工艺流程

椰子酒生产工艺流程见图 3-40。

2. 操作要点

（1）原料处理　椰子汁中含有 0.1%～0.15% 的椰油，椰油的存

酵母活化→接入椰子汁培养液

椰子 → 破壳取汁 → 过滤 → 除去椰子水油脂 → 成分调整 →接种 发酵→过滤

椰子酒 ← 装瓶 ← 调配 ← 陈酿

图 3-40　椰子酒生产工艺流程

在会影响椰子酒的质感，需除去椰油。用脱脂棉对椰子汁进行分油处理，得富含蛋白少油的水相或将椰子汁加热至 80℃ 迅速冷却，使椰油上浮，除去椰油即可。

(2) 成分调整　将天然椰子汁的糖度调整为 200g/L，加入亚硫酸氢钠。

(3) 原酒发酵、陈酿　选用酿酒酵母，接种量为 10%，控制发酵温度为 25℃ 左右，经 20~30 天后，残糖量为 15g/L 时，将上清液倒罐后进行后发酵。经 1 周的时间，发酵醪的含糖量为 10~12g/L 时，进行第 2 次倒罐。倒罐后，调整酒液的糖度为 12g/L，酸度的 pH 值约为 5.0，然后进行密闭陈酿，时间 5~6 个月，陈酿的温度低于 20℃。

(4) 过滤　使酒的质量和品质达到原酒的产品质量要求。通过定量滤纸的过滤，可达到对酒体澄清的产品质量要求。

(5) 调香　陈酿后的原酒酒色浅黄、清净爽快、酸甜适口，为了增强椰子酒的典型性进行香气的调整。取优质高度白酒，对破壳取得的椰子肉浸泡 1 个月，得到酒体澄清、颜色清亮、香气浓郁的椰子浸泡酒。原酒与浸泡酒的比例为 3∶2（体积分数）时，得到酒体丰满、醇厚、酒香协调的椰子酒。

3. 注意事项

原料的处理方式为对原料脱椰油处理和对原料不脱椰油的处理。经脱椰油处理后，发酵得到的椰子酒颜色清亮，口感细腻。未经脱椰油处理的椰子酒，在发酵的过程中，椰油分散于发酵醪中，最终发酵得到的椰子酒酒香浓郁，但苦涩味较重，不适合饮用。不经脱椰油处理的原料，可发酵产生对人体有害的杂醇油。经过脱椰油处理的原料，发酵形成的椰子酒，香气较淡，椰子的香味损失较多。产品的典型性不突出。因此，发酵后的椰子酒需要调香处理。在 25℃ 时原酒与浸泡酒的体积比为 3：2 时，可以提高原酒的香气，增强椰子酒的典型性，丰富原酒的浸出物。

四十、无花果酒

1. 工艺流程

无花果酒系全汁低温发酵而成，酒体金黄色，清亮透明，香气优雅纯正，酒香浓郁，口感醇正，酒度低，营养丰富，具有饮用滋补双重作用。在常温下避光贮存，保质期为 3 年。无花果酒生产工艺流程见图 3-41。

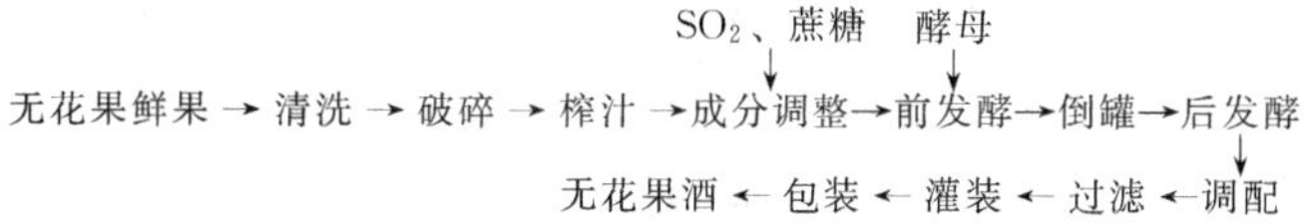

$$SO_2、蔗糖　酵母$$

无花果鲜果 → 清洗 → 破碎 → 榨汁 → 成分调整 → 前发酵 → 倒罐 → 后发酵

无花果酒 ← 包装 ← 灌装 ← 过滤 ← 调配

图 3-41　无花果酒生产工艺流程

2. 操作要点

（1）原料处理　新鲜无花果经挑选、洗涤后打成浆状，可加入 20%～25% 的水分，或者人工捣碎，然后榨汁。用榨汁机或用布袋人工榨汁。

（2）汁液调整　果汁糖度一般要经过加糖调整，提高糖度，使糖度达到 15%。

（3）发酵　发酵剂用活性干酿酒酵母，使用前要进行活化，用 3%～4% 白糖溶液为活化液，在 40℃ 左右活化 15～30min。使用量为安琪酵母：活化液=1：（19～20），然后按发酵液体积接种量 5%～15% 活化酵母液，进入发酵阶段，控制发酵温度，不可过低过高，发酵温度为 20℃ 左右，发酵 5～6 天，发酵完毕。

（4）调配　为了改善果酒风味及延长贮存时间需进行酒的调配，要加入纯正乙醇或米酒和蔗糖，使果酒含酒度 9%～10%，含糖 10%，总酸 0.2% 左右。

（5）过滤澄清　用离心机去渣得较混浊无花果酒，再用 5% 硅藻土混匀后进行压滤，得清澈透明果酒。

(6) 装瓶灭菌　用 250mL 或 500mL 小口玻璃瓶包装，巴氏灭菌 70℃、30min，用冷水冷却到常温。

四十一、五味子果酒

1. 工艺流程

五味子果酒产品为橙红色，品质优良，澄清亮泽，风味纯正，口感醇厚，酸甜适口，具有独特的五味子果香和酒香。五味子果酒生产工艺流程见图 3-42。

图 3-42　五味子果酒生产工艺流程

2. 操作要点

(1) 果浆制备　选择果粒完整、成熟且饱满、色泽鲜艳的五味子鲜果，用流动水清洗，洗掉粉尘杂质，加 1 倍于五味子果的水洗榨果汁，然后分离渣料，再加 1 倍水洗榨，再过滤渣料，再加 1 倍水洗榨，将 3 次榨得的果汁混合使用。

(2) 整糖酸比　发酵前需降低酸度，增加糖度，加入白砂糖调整果汁糖度为 20%，再用 Na_2CO_3 饱和溶液调整酸度，pH 值为 6.5。

(3) 灭菌　用高压灭菌锅进行灭菌，灭菌温度为 105℃，时间 15min。然后冷却至接种温度以备接种。

(4) 接种　将高活性干酵母按 1:(10～20) 倍的比例放于 35～40℃温水中进行活化处理后，再放入备用的五味子果汁中，接种量为 1.2%，然后进行发酵。

(5) 发酵、成熟　将接种好的果汁进行发酵，发酵时间为 3 天，温度为 32℃，发酵后的果酒先进行冷冻处理，然后再置于 18℃条件下成熟 3 天。

(6) 分离、沉降澄清　成熟后的果酒用 120 目的滤袋进行过滤分离，然后两两对应称不同重量的果酒用离心机进行沉降澄清，转移清酒，弃去沉淀。

(7) 灭菌、冷却 将澄清的五味子果酒进行灭菌处理，灭菌条件为85℃、15min。冷却后即得到成品。

(8) 检测 经检测糖度为20%，酒度为6%，为低度果酒，成品有悦人的五味子果香和酒香。

3. 注意事项

(1) 发酵温度对工艺的影响 酵母和其他生物一样，只能在一定的温度范围内生存，温度在10℃以下时存在于果汁中的酵母或孢子一般不发芽或者发芽速度非常慢。随着温度的提高，酵母发酵速度显著变化，从20～22℃开始，发酵速度变快，单位时间内分解的糖量随温度上升而增加，而当温度提高达到34～35℃时，其繁殖速度受到影响，所以发酵温度控制在26～32℃为宜。

(2) 发酵时间对工艺的影响 发酵时间过长，虽然酵母菌发酵足够充分，但产生乙醇过多，酒度过高使产品的口感下降，影响产品的香味。若时间过短则会使菌种发酵不充分，酒度低，产品显现不出醇香感。

(3) pH值对工艺的影响 果汁的糖度保持在20%，而酸度若不足，有害细菌就会发育，对酵母产生危害，尤其是在发酵完毕时，制成的酒口味淡薄、混浊不清，稳定性差。最好控制pH值在4.5～6.5，在这个酸度下，杂菌受到抑制而酵母能正常发酵，如果pH值太低，发酵会受到抑制。

(4) 接种量对工艺的影响 接种量在一定范围内产品感官品质较好，接种量过高过低都会使产品的感官品质评分下降。若接种量过低，发酵时间延长，在规定的时间内酒度不够，若太高，则不利于酵母菌乙醇发酵，导致酒香较差。本试验取接种量为1.2%，使产品获得良好的风味和口感。

第四章

黄酒生产工艺

第一节 工艺概述

一、原料的处理

（一）大米原料处理

大米原料在糖化发酵以前必须进行精白、浸米和蒸煮、冷却等处理。

1. 米的精白

由于糙米的糠层含有较多的蛋白质、脂肪，给黄酒带来异味，降低成品酒的质量；另外，糠层的存在，妨碍大米的吸水膨胀，米饭难以蒸透，影响糖化发酵；糠层所含的丰富营养会促使微生物旺盛发酵，品温难以控制，容易引起生酸菌的繁殖而使酒醪的酸度升高。对糙米或精白度不足的原料应该进行精白，以消除上述不利影响。

大米精白时，随着精白程度的提高，米的化学组成逐渐接近于胚乳，淀粉含量的相对比例增加，蛋白质、脂肪等成分相对减少。

米的精白程度常以精米率表示，精米率也称出白率。精白度提高有利于米的蒸煮、发酵，有利于提高酒的质量。所以，日本生产清酒时，平均精米率降到 73％左右，酒母用米的精米率为 70％，发酵用米的精米率为 75％左右。

粳米、籼米比糯米难蒸透，更应注意提高精白度，但精白度越高，米的破碎率会增加，有用物质的损失就增多。因此，一般控制精白度为标准一级较适宜，或者在浸米时，添加适量的蛋白酶、脂肪酶，以弥补精白不足的缺陷。

2. 米的浸渍

大米可以通过洗米操作除去附着在米粒表面的糠秕、尘土和其他杂质，然后加水浸渍。

(1) 浸米的目的

① 让大米吸水膨胀以利蒸煮。水是各种物质的溶剂，又是传递热量的理想媒介。要使大米淀粉蒸熟糊化，必须先让它充分吸水，使植物组织和细胞膨胀，颗粒软化。蒸煮时，热量通过水的传递进入淀粉颗粒内部，迫使淀粉链的氢键破坏，使淀粉达到糊化程度。适当延长米的浸渍时间，可以缩短米的蒸煮时间。

② 浸米的酸浆水是传统绍兴黄酒生产的重要配料之一。传统的摊饭法酿酒，浸米时间长达 16～20 天，除了使米充分吸水外，主要是抽取浸米的酸浆水用作配料，使发酵开始即具有一定的原始酸度，抑制杂菌的生长繁殖，保证酵母菌的正常发酵；酸浆水中的氨基酸、生长素可提供给酵母利用；多种有机酸带入酒醪，改善了黄酒的风味。酸浆水配料是绍兴酒生产的重要特点之一。

(2) 浸米过程中的物质变化　浸米开始，米粒吸水膨胀，含水量增加；浸米 4～6h，吸水达 20％～25％；浸米 24h，水分基本吸足。浸米时，米粒表面的微生物依靠溶入的糖分、蛋白质、维生素等作营养进行生长繁殖，浸米 2 天后，浆水微带甜味，从米层深处会冒出小气泡，开始进行缓慢的发酵作用，乳酸链球菌将糖分逐渐转化成乳酸，浆水酸度慢慢升高。浸米数天后，水面上将出现由皮膜酵母形成的乳白色菌醭，与此同时，米粒所含的淀粉、蛋白质等高分子物质受到米粒本身存在的及微生物分泌的淀粉酶、蛋白酶等的作用而进行水解，其水解产物提供给乳酸链球菌等作为转化的基质，产生乳酸等有机酸，使浸米水的总酸、氨基酸含量增加。总酸可高达 0.5％～0.9％，酸度的增加促进了米粒结构的疏松，并随之出现"吐浆"现象。这些变化与浆水中的微生物密切相关。经分析，浆水中以细菌最多，酵母次之，霉菌最少。

浸米过程中由于溶解作用和微生物的吸收转化，淀粉等物质都有不同程度的损耗，浸米 15 天，测定浆水所含固形物达 3％以上，原料总损失率达 5%~6%，淀粉损失率为 3%~5%。

（3）影响浸米速度的因素　浸米时间的长短由生产工艺、水温、米的性质所决定。除了传统的酿造法需要以浆水作配料时需长时间浸米外，目前浸米时间都比较短，一般只要求达到米粒吸足水分，颗粒保持完整，手指捏米能碎即可，吸水量为 25%~30%。吸水量指原料米经浸渍后含水百分数的增加值。

浸米时吸水速度的快慢，首先与米的品质有关，糯米比粳米、籼米吸水快；大粒米、软质米、精白度高的米，吸水速度快，吸水率高。

使用软水浸米，水分容易渗透，米粒的无机成分溶出较多；使用硬水浸米，水分渗透慢，米粒的有机成分溶出较多。

浸米水温高，吸水速度快，有用成分的损失随之增多；浸米水温低，则相反。为了使浸米速度不受环境气温的影响，可采用控温浸米，当气温下降，浸米的配水温度可以提高，使浸米水温控制在 30℃ 或 35℃ 以下，既加快米的浸渍速度，又能防止米的变质发臭。根据气温来决定配水的温度。加入米后水温下降，为了维持恒定的浸米温度，可在浸米室内利用蒸汽保温，使室温维持在 25℃ 左右，浸米时间在 36~48h，米的吸水率达 30% 以上。目前新工艺黄酒生产不需要浆水配料，常用乳酸调节发酵醪的 pH 值，浸米时间可大为缩短，常在 24~48h 内完成。淋饭法生产黄酒，浸米时间仅几小时或十几小时。

我国北方，因酿酒原料和气候条件不同，浸米方法与南方大米不一样。黍米浸渍，先加入 60% 左右的沸水泡软米粒外皮，并急速搅拌散冷，称为烫米，使水分易于渗透。然后浸渍 20h。

3. 蒸煮

（1）蒸煮目的

① 使淀粉糊化　大米淀粉以颗粒状态存在于胚乳细胞中，相对密度约为 1.6，淀粉分子排列整齐，具有结晶型构造，称为生淀粉或 β-型淀粉。浸米以后，淀粉颗粒膨胀，淀粉链之间变得疏松。对浸渍后的大米进行加热，结晶型的 β-型淀粉转化为三维网状结构的 α-型

淀粉，淀粉链得以舒展，黏度升高，称为淀粉的糊化。糊化后的淀粉易受淀粉酶的水解而转化为糖或糊精。

② 对原料的灭菌作用　通过加热杀灭大米所带有的各种微生物，保证发酵的正常进行。

③ 挥发掉原料的怪杂味，使黄酒的风味纯净。

（2）蒸煮的质量要求　黄酒酿造采用整粒米饭发酵，并且是典型的边糖化边发酵，醪液浓度高，呈半固态，流动性差。为了使发酵与糖化两者平衡，发酵彻底，便于压榨滤酒，在操作时特别要注意保持饭粒的完整，所以蒸煮时，要求米饭蒸熟蒸透，熟而不糊，透而不烂，外硬内软，疏松均匀。为了检测米饭的糊化程度，可以用刀片切开饭粒，观察饭心，并可进行碘反应试验。

蒸饭时间由米的种类和性质、浸后米粒的含水量、蒸饭设备及蒸汽压力所决定，一般糯米与精白度高的软质粳米，常压蒸煮 15～25min；而硬质粳米和籼米，应适当延长蒸煮时间，并在蒸煮过程中淋浇 85℃以上的热水，促进饭粒吸水膨胀，达到更好的糊化效果。

（3）蒸煮设备　黄酒生产以往一直采用蒸桶间歇常压蒸饭，劳动强度大，生产能力低。目前大多数已采用蒸饭机连续蒸饭。

① 卧式蒸饭机　卧式蒸饭机总长度 8～10m，由两端的鼓轮带动不锈钢孔带回转，或用链轮带动尼龙网带回转。在上层网带上堆积一定层高的米饭，带下方隔成几个蒸汽加热室，室内装有蒸汽管。在蒸饭机尾部设有冷却装置，控制熟饭品温，饭层上方空间可安置淋水管及翻饭装置。网带上米层高度通过下料时的调节板控制，常在 20～40cm，大多为 30cm 左右。整个蒸饭速度可用调速器控制在 30min 以内。

② 立式蒸饭机　立式蒸饭机结构简单、造价便宜，占地面积小，热量利用率高。它由接米口、筒体、气室、菱形预热器及锥形出口等部分组成。筒体一般用 2～3mm 的不锈钢板制成，也可用 4～5mm 的铝板。圆筒直径不能大于 1m，筒体上均匀分布 2mm 的汽孔 400～500 个。筒体内壁要求光滑，筒体外围有蒸汽夹套。下端的锥形出料口的锥底夹角要求大于 70°，使筒体内的米饭层能同步下落，出饭口

直径与筒体直径之比为 0.5～0.6。为了能适应多品种大米原料的蒸煮，可采用双汽室蒸饭机或立式、卧式结合蒸饭机。

4. 米饭的冷却

米饭蒸熟后必须冷却到微生物生长繁殖或发酵的温度，才能使微生物很好地生长并对米饭进行正常的生化反应。冷却的方法有淋饭法和摊饭法。

(1) 淋饭法　在制作淋饭酒、喂饭酒和甜型黄酒及淋饭酒母时，使用淋饭冷却。该法冷却迅速，冷后温度均匀，并可利用回淋操作，把饭温调节到所需范围。淋饭冷却能适当增加米饭的含水量，促使饭粒表面光洁滑爽，有利于拌药搭窝，维持饭粒间隙，有利于好氧菌的生长繁殖。糯米原料含水 14% 左右，浸米后水分达 36%～39%。经蒸饭淋水，饭粒含水量可升至 60% 左右。淋后米饭应沥干余水，否则，根霉繁殖速度减慢，糖化发酵力变差，酿窝浆液混浊。

(2) 摊饭法　将蒸熟的热饭摊放在洁净的竹簟或磨光的水泥地面上，依靠风吹使饭温降至所需温度。可利用冷却后的饭温调节发酵罐内物料的混合温度，使之符合发酵要求。摊饭冷却速度较慢，易感染杂菌和出现淀粉老化现象，尤其是含直链淀粉多的籼米原料，不宜采用摊饭法，否则淀粉老化严重，出酒率会降低。

(二) 黍米原料处理

1. 烫米

黍米谷皮厚，颗粒小，吸水困难，胚乳淀粉难以糊化，必须先烫米，使谷皮软化开裂，然后浸渍，使水分向内部渗透，促进淀粉松散，以利煮糜。烫米前，黍米用清水洗净，沥干，再用沸水烫米，并快速搅动，使米粒略呈软化，稍微开裂即可，以避免淀粉内容物过多流失，如果烫米不足，煮糜时米粒易爆跳。

2. 浸渍

烫米时随搅拌散热，水温逐降至 35～45℃，开始静止浸渍。浸渍时间随气温而变，冬季 20～22h，夏季 12h 左右，春、秋季 20h 左右。

3. 煮糜

煮糜的目的是使黍米淀粉充分糊化呈黏性，并产生焦黄色素和焦米香气，形成黍米黄酒的特殊风格，煮糜时先在铁锅中放入黍米重量二倍的清水并煮沸，渐次倒入浸好的黍米，搅拌翻铲，使糜糊化；也可利用带搅拌的煮糜锅，在 0.196MPa 表压蒸汽下蒸煮 20min，闷糜5min，然后放糜散冷至 60℃，再添加麦曲或麸曲，拌匀，堆积糖化。

（三）玉米原料处理

1. 浸泡

玉米淀粉结构紧密，难以糖化，应预先粉碎、脱胚、去皮、洗净制成玉米糙，才能用于酿酒。玉米碴子粒度要求在每克 30～35 个。颗粒小，便于吸水蒸煮。

为了使玉米淀粉充分吸水，可变换浸渍水温使淀粉热胀冷缩，破坏淀粉细胞结构，达到糊化之目的。可先用常温水浸泡 12h，再升温到 50～65℃，保温浸渍 3～4h，再恢复常温浸泡，中间换水数次。

2. 蒸煮、冷却

浸后的玉米糙，经冲洗沥干，进行蒸煮，并在圆汽后浇洒沸水或温水，促使玉米淀粉颗粒膨胀，再继续蒸熟为止，然后用淋饭法冷却到拌曲下罐温度，进行糖化发酵。

3. 炒米

炒米之目的是形成玉米酒的色泽和焦香味。把玉米糙总量的1/3投入 5 倍的沸水中，用火加热炒到玉米碴成熟并有褐色焦香时，出锅摊凉，掺入经蒸煮淋冷的玉米饭中，揉和，加曲，加酒母，入罐发酵，下罐品温常在 16～18℃。

二、传统的摊饭法发酵

摊饭法发酵是黄酒生产常用的一种方法，干型黄酒和半干型黄酒中具有典型代表性的绍兴元红酒及加饭酒等都是应用摊饭法生产的，它们仅在原料配比与某些具体操作上略有调整。摊饭发酵是传统黄酒酿造的典型方法之一。

1. 工艺流程

见图 4-1。

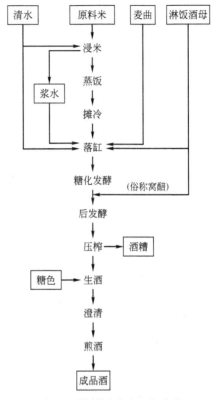

图 4-1　摊饭酒酿造工艺流程

2. 传统发酵法发酵特点

（1）传统的摊饭法发酵酿酒，常在 11 月下旬至翌年 2 月初进行，强调使用"冬浆冬水"，以利于酒的发酵和防止升酸。另外，低温长时间发酵，对改善酒的色、香、味都是有利的。

（2）采用酸浆水配料发酵是摊饭酒的重要特点。新收获的糯米经过 18～20 天的浸渍，浆水的酸度达 0.5～1g/100mL，并富含生长素等营养物质，对抑制发酵过程中产酸菌的污染和促进酵母生长繁殖极其有利。为了保证成品酒酸度在 0.45g/100mL 以下，必须把浆水按三分酸浆水加四分清水的比例稀释，使发酵醪酸度保持在 0.3～

0.35g/100mL，使发酵正常进行，并改善成品酒的风味。

（3）摊饭法发酵前，热饭采用风冷，使米饭中的有用成分得以保留，并把不良气味挥发掉，使摊饭酒的酒体醇厚、口味丰满。

（4）摊饭法发酵以淋饭酒母做发酵剂，由于淋饭酒母是从淋饭酒醅中经认真挑选而来的，其酵母具有发酵力强、产酸低、耐渗透压和酒精含量高的特点，故一旦落缸投入发酵，繁殖速度和产酒能力大增，发酵较为彻底。

（5）传统摊饭法发酵采用自然培养的生麦曲做糖化剂。生麦曲所含酶系丰富，糖化后代谢产物种类繁多，给摊饭酒的色、香、味带来益处。

3. 摊饭法发酵

蒸熟后的米饭经过摊冷降温到 $60\sim65℃$，投入盛有水的发酵缸内，打碎饭块后，依次投入麦曲、淋饭酒母和浆水，搅拌均匀，使缸内物料上下温度均匀，糖化发酵剂与米饭很好接触，防止"烫酿"，造成发酵不良。最后控制落缸品温在 $27\sim29℃$，并做好保温工作，使糖化、发酵和酵母繁殖顺利进行。

传统的发酵是在陶缸中分散进行的，有利于发酵热量的散发和进行开耙。物料落缸后，便开始糖化发酵，前期主要是增殖酵母细胞，品温上升缓慢。投入的淋饭酒母，由于醅液稀释而酵母浓度仅在 1×10^7 个/mL 以下，但由于加入了营养丰富的浆水，淋饭酒母中的酵母菌从高酒精含量的环境转入低酒精含量的环境后，生长繁殖能力大增，经过十多小时，酵母浓度可达 5 亿个/mL 左右，即进入主发酵阶段，此时温度上升较快。由于二氧化碳气的冲力，使发酵醪表面积聚一厚层饭层，阻碍热量的散发和新鲜氧的进入。必须及时开耙（搅拌），控制酒醅的品温，促进酵母增殖，使酒醅糖化、发酵趋于平衡。开耙时以饭面下 $15\sim20cm$ 缸心温度为依据，结合气温高低灵活掌握。开耙温度的高低影响成品酒的风味，高温开耙（头耙在 35℃ 以上），酵母易于早衰，发酵能力不会持久，使酒醅残糖含量增多，酿成的酒口味较甜，俗称热作酒；低温开耙（头耙温度不超过 30℃），发酵较完全，酿成的酒甜味少而辣口，俗称冷作酒。摊饭法发酵开耙温度的控制情况见表 4-1。

表 4-1 摊饭法发酵开耙温度的控制情况

耙数	头耙	二耙	三耙
间隔时间/h	落缸后 20	3～4	3～4
耙前温度/℃	35～37	33～35	30～32
室温/℃	10 左右	10 左右	10 左右

开头耙后品温一般下降 4～8℃，以后，各次开耙的品温下降较少。头耙、二耙主要依据品温高低进行开耙，三、四耙则主要根据酒醪发酵的成熟程度来进行，四耙以后，每天捣耙 2～3 次，直至品温接近室温。一般主发酵在 3～5 天结束。为了防止酒精过多地挥发损失，应及时灌坛，进行后发酵。这时酒精含量一般达 13%～14%。

后发酵使一部分残留的淀粉和糖分继续糖化发酵，转化为酒精，并使酒成熟增香。一般后发酵 2 个月左右。从主发酵缸转入后发酵酒坛，醪液由于翻动而接触了新鲜氧气，使原来活力减弱的酵母又重新活跃起来，增强了后发酵能力。因为后发酵时醪液处于静止状态，热量散发困难，所以，要用透气性好的酒坛做容器，并能缩小发酵醪的容积，促使热量散发，并能使酒醪保持微量的溶解氧（在后发酵期间，应保持每小时每克酵母享有 0.1mg 的溶解氧），使酵母仍能保持活力，几十天后，酒醪中存活的酵母浓度仍可达 4 亿～6 亿个/mL。后发酵的品温常随自然温度而变化。所以，前期气温较低的酒醪应堆在温暖的地方，以加快后发酵的速度；在后期气温转暖时，酒醪则应堆在阴凉的地方，防止温度过高，一般以控制室温在 20℃ 以下为宜，否则易引起酒醪的升酸。

三、喂饭法发酵

喂饭法发酵是将酿酒原料分成几批，第一批先做成酒母，在培养成熟阶段，陆续分批加入新原料，起扩大培养、连续发酵的作用，使发酵继续进行的一种酿酒方法，类同于近代酿造学上的递加法。喂饭法发酵可使产品风味醇厚，出率提高，酒质优美，不仅适合于陶缸发酵，也很适合大罐发酵生产和浓醪发酵的自动开耙。

1. 工艺流程图

见图 4-2。

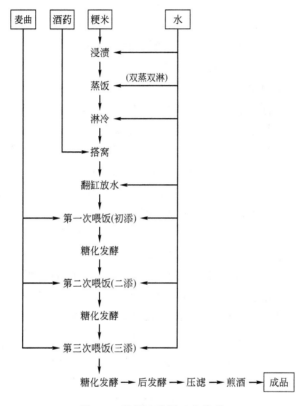

图 4-2 喂饭法酿酒工艺流程

2. 喂饭法发酵的主要特点

(1) 酒药用量少，仅是用作淋饭酒母原料的 0.4%～0.5%，对整个酿酒原料来讲，其比例更微。酒药内含量不高的酵母，在淋饭酒醅中得到扩大培养、驯养、复壮，并迅速繁殖。

(2) 由于多次喂饭，酵母能不断获得新鲜营养，并起到多次扩大培养的作用，酵母不易衰老，新细胞比例高，发酵力始终很旺盛。

(3) 由于多次喂饭，醪液在边糖化边发酵过程中，从稠厚转变为稀薄，同时酒醅中不会形成过高的糖分，而影响酵母活力，仍可以生成较高含量的酒精，出酒率也较其他方法高，可达 270% 左右。

（4）多次投料连续发酵，可在每次喂饭时调节控制饭水的温度，增强发酵对气候的适应性。由于喂饭法发酵使主发酵时间延长，酒醅翻动剧烈，有利于新工艺大罐发酵的自动开耙，使发酵温度易于掌握，对防止酸败有一定的好处。

3. 喂饭法发酵

（1）酿缸的制作　酿缸实际就是淋饭酒母，其功用是以米饭做培养基，繁殖根霉菌，以产生淀粉酶，再以淀粉酶水解淀粉产生糖液培养酒母；同时根霉、毛霉产生一定量的有机酸，合理调节发酵醪的pH 值。根霉、梨头霉、念珠霉的孳生，也有一定的产酯能力，形成酒酿特有的香气。因此，酒酿具有米曲和酒母的双重作用，故考察酿缸质量应从淀粉酶和酵母活性两方面考虑。

粳米喂饭法发酵的要点是"双淋双蒸，小搭大喂"。粳米原料经浸渍吸足水分后，进行蒸饭，"双淋双蒸"是粳米蒸饭的质量关键，所谓"双淋"即在蒸饭过程中两次用 40℃ 左右的温水淋洒米饭抄拌均匀，使米粒吸足水分，保证糊化。"双蒸"即同一原料经过两次蒸煮，要求米饭熟而不烂。然后淋冷，拌入原料量 0.4%～0.5% 的酒药搭窝，并做好保温工作，经 18～22h 开始升温，24～36h 温度有回降时出现酿液，此时品温 29～33℃，以后酿液逐渐增多，趋于成熟。

一般来说，酿液清，酒精含量低，酸度低时，它的淀粉酶活性高，反之活性低。因此，从淀粉酶的活性要求看，要酿液酒精含量低、糖度高、酸度低的较好；但要求酵母细胞数多，发酵力强时，一般酿液品温较高，泡沫多，呈乳白色，酒精含量、酸度也较高。

酿缸中浆液酵母的浓度因各种原因而波动于 0.1 亿～3 亿个/mL，酒药中酵母数的多少、酒药接种量的高低、米饭蒸煮时饭水的量、糖液浓度和温度的高低等都会影响酵母细胞浓度的变化。如果酿液酵母数过少，翻缸放水后温度偏低，酵母繁殖特别慢；在主发酵前期（第一、二次喂饭后）酒精生成少，糖分过于积累，容易导致主发酵后期杂菌繁殖而酸败；如酿液酵母数较多，则翻缸放水后，酵母迅速繁殖和发酵,使主发酵时出现前期高温,促使酵母早衰。一般酿液酵母浓度在 1 亿个/mL 左右为好。另外,酿缸培养时间短的,酵母繁殖能力强;培养时间长的,酵母比较老,繁殖能力相对减弱。培养时间过长,还会使酵母有氧呼吸所消耗的糖分增加,从而降低原料出酒率。可把传统的搭窝 2~3 天,待甜浆满到 2/3 缸时放水转入主发酵,改变成搭窝 30h 就放水转入主发酵,以减少有氧糖代谢比例而提高出酒率。

因此,淀粉酶活性的大小,酒酿糖浓度的高低,酵母细胞数的多少,酵母繁殖能力的强弱,都直接影响整个喂饭法发酵,特别是使用大罐进行喂饭法发酵时,由于投料量多,醪容量大,以上因素的影响更为显著。

(2)翻缸放水 喂饭发酵一般在搭窝 48~72h 后,酿液高度已达 2/3 的醅深,糖度达 20% 以上,酵母数在 1 亿个/mL 左右,酒精含量在 4% 以下,即可翻转酒醅并加入清水。加水量控制在每 100kg 原料总醪量为 310%~330%。翻缸 24h 后,可分次喂饭,加曲进行发酵,并应注意开耙。

喂饭次数是 3 次最佳,其次是 2 次。酒酿原料:喂饭总原料为 1:3 左右,第 1 至第 3 次喂饭的原料比例分配为 18%、28%、54%,喂饭量逐级提高,以利于发酵和酒的质量。

利用酒酿发酵可以提供一定量的有机酸和形成酯的能力,可以调节 pH 值,提高原料利用率。但酒酿原料比例过大,有机酸和杂质过多,会给黄酒带来苦涩味和异杂味,所以,必须有一个合适的比例。如果 1 次喂饭,喂饭比例又高,必然会冲淡酸度,降低醪液的缓冲能力,使 pH 值升高,对发酵前期抑制杂菌不利,容易发生酸败。若喂饭次数过多,第 1 次与最末次喂饭间隔过长,不但淀粉酶活性减弱,酵母衰老,而且长时间处于较高品温下,也会造成酸败,所以,3 次喂饭较为合理,这种多次喂饭,使糖化发酵总过程延长,热量分步散发,有利于品温的控制。同时分次喂饭和分次下水,可以利用水温来调节品温,整个发酵过程的温度易于控制。多次喂饭,可以减少酿缸的用量,扩大总的投料量,在减少设备数量下提高产量。

喂饭各次所占比例，应前小后大。由于前期主要是酵母的扩大培养，故前期喂饭少，使醪液 pH 值较低，开耙搅拌容易，温度也易控制，对酵母生长繁殖是有利的，后期是主发酵作用，有了优质的酵母菌，保证了它在最末次喂饭后产生一个发酵高峰期，使发酵完善彻底，所以，要求喂饭法发酵做到"小搭大喂""分次续添""前少后多"。

加曲量按每次喂饭原料量的 8%～12%在喂饭时加入，用于弥补发酵过程中的淀粉酶不足，并增添营养物质供酵母利用。由于麦曲带有杂菌，因此，不宜过早加入，防止杂菌提前繁殖，杂菌主要是生酸杆菌和野生酵母，喂饭法发酵的温度应前低后高，缓慢上升，最末次喂饭后，出现主发酵高峰。前期控制较低温度，有利于增强酵母的耐酒精能力和维持淀粉酶活性，在低 pH 值，较低温度下，更有利于抑制杂菌，但到主发酵后期，由于酵母浓度已很高，并有一定的酒精浓度，所以，在主发酵后期出现温度高峰也不致轻易造成酸败。

喂饭时间间隔以 24h 为宜，在整个喂饭法发酵过程中，酒醪 pH 值变化不大，维持在 4.0 左右，很有利于酵母的生长繁殖和发酵，而不利于生酸杆菌的繁殖。

最后 1 次喂饭 36～48h 以后，酒精含量达 15%以上。如敞口时间过长，酒精挥发损失较多，酵母也逐趋衰老，抑制杂菌能力减弱，因此，可以灌醪或转入后发酵罐，在 15℃以下发酵。

四、黄酒大罐发酵和自动开耙

传统黄酒生产是用大缸、酒坛作发酵容器的，容量小，占地多，质量波动大，劳动强度高，后来在传统工艺的基础上改进大容器发酵，克服了缸、坛发酵的缺点，并为黄酒机械化奠定了基础。

大罐发酵新工艺生产基本上实行机械化操作，原料大米经精白除杂，通过气力输送送入浸米槽或浸米罐，为计量方便，常采用一个前发酵罐的投料米浸一个浸米罐（池），控温浸米 24～72h 使米吸足水分，再经卧式或立式蒸饭机蒸煮，冷却，入大罐发酵，同时加入麦曲、纯种酒母和水，进行前发酵 3～5 天后，醪温逐步下降，接近室温,用无菌空气将酒醪压入后发酵罐,在室温 13~18℃下静置后发酵 20 天左右,再用板框压滤机压滤出酒液,经澄清、煎酒、灌装、贮陈为成品酒。其发酵所用麦曲可以用块曲、爆麦曲、纯种生麦曲,并适当添加少量酶制剂。整个生产过程基本上实现了机械化。

1. 工艺流程图

见图 4-3。

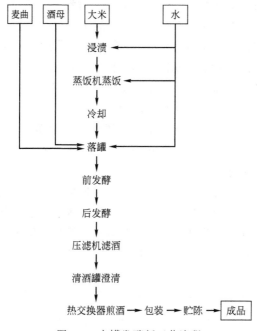

图 4-3 大罐发酵新工艺流程

2. 大罐发酵的基本特点及自动开耙的形成

大罐发酵具有容积大、醪层深、发热量大而散热难、厌氧条件好、二氧化碳集中等特点。

传统大缸容积不到 $1m^3$,醪层深度 1m 左右,而目前国内最大的前发酵罐容积已达 45~50m^3,醪液深度有 9~10m,成为典型的深层发酵。传统大缸、酒坛的容积小而表面积大,发酵时每缸每坛酒醪发出的热量少,主要通过搅拌使醪液与冷空气接触及通过容器壁散发热量，所以，在传统大缸发酵时，开耙尤其重要。而大罐发酵时，因酒醪容积大，表面积小，发酵热量产生多而散发困难，光靠表面自然冷却无法控制适宜的发酵品温，必须要有强制冷却装置才能够去废热，并且大罐发酵的厌氧条件也因容积大、醪层深而大为加强，这种状况在静止后发酵时尤其突出。开耙问题是大罐发酵的关键所在，然而采用人工开耙是不可能的，必须设法利用醪液自己翻动来代替人工开耙，才能使大罐发酵安全地进行下去。当米饭、麦曲、酒母和水混匀落罐后，由于酵母呼吸产生的二氧化碳的上升力，使上部物料显得干厚而下部物料含水较多，经过 8～10h 糖化及酵母繁殖，酵母细胞浓度上升到 3 亿～5 亿个/mL，发酵作用首先在厌氧条件较好的底部旺盛起来。由于底部物料开始糖化发酵较早，醪液较早变稀，流动性较好，在酵母产生的二氧化碳气体的上浮冲力作用下，底部醪液较早地开始翻腾，随着发酵时间的推移，酒醪翻腾的范围逐步向上扩展。落罐后 10～14h，酒醪上部的醪盖被冲破，整个醪液全部自动翻腾，这时醪液品温正好达到传统发酵的头耙温度，33～35℃。以后醪液一直处于翻腾状态，直到主发酵阶段结束。同时，为了较快地移去发酵产生的热量，不使醪液品温升高，必须进行人工强制冷却，调节发酵温度。醪液自动翻腾代替了人工搅拌开耙，同样达到调温、散热、排除二氧化碳，吸收新鲜氧气的作用，人们称之为黄酒大罐发酵的"自动开耙"。

自动开耙的难易与多种因素有关。首先是醪层厚度，由于醪液翻动主要依靠发酵产生的二氧化碳气体的拖带作用引起的，所以，醪层越厚，二氧化碳越集中，产生的拖带力就越大，翻腾越剧烈。同时，由于醪层加厚，上下部之间的醪液温差，相对密度差加大，更促进了醪液的对流，加速了醪的翻腾。其次，酿酒原料的不同也影响自动开耙的进行。粳米原料醪层厚度大于 3m 就能翻腾，糯米原料需 6m 以上醪层才自动翻腾，而籼米原料比粳米原料较容易翻动，醪层厚度可以降低。因为糯米糖化后，易形成醪盖，使自动开耙的阻力加大，因而，罐的高度需增加，使二氧化碳的上浮冲击力加大，而籼米则相反。

另外，原料浸渍度的高低、蒸饭熟度、糖化剂的酶活性、落罐工艺条件等都会影响自动开耙的难易程度。

如果落罐后 15～16h 不自动翻腾或醪液品温已升至 35℃仍难翻动时，必须及时用压缩的无菌空气通入罐底，强制开耙，以确保酒醪正常发酵。

自动开耙仅与罐的高度有主要关系，而与罐径无直接关系，因此，黄酒发酵大罐设计时，常设计成瘦长形。罐径主要与控制醪液品温有关，大罐发酵的热量交换主要靠周围罐壁的冷却装置来实现，而不是靠醪层顶面向空气中散发热量进行降温，所以，在设计时要考虑罐径大小对热量交换的影响。

黄酒大罐常是普通钢板（A3）制成，内加无毒涂料，加之容积大、表面积小，故而厌氧条件比传统的陶缸、酒坛好，酒精的挥发损失也少，出酒率较高。但用大罐进行后发酵，由于酒醪基本处于静止状态，由发酵产生的热量较难从中心部位向外传递散发，以及由于酵母处于严重缺氧的情况下，活性降低而与生酸菌活动失去平衡，常常易发生后发酵升酸。因此，主发酵醪移入后发酵大罐后，要加强温度、酸度、酒度变化的检测工作，并适时通氧散热，维持酵母的活性，避免后发酵升酸现象的发生。在大罐前发酵过程中，必须加强温度管理（表 4-2），经常测定品温，随时加以调整。

表 4-2　前发酵品温变化情况

时间/h	落罐	0～10	10～24	24～36	36～48	48～60	60～72	72～84	84～96	输醪
品温/℃	22～24	25～30	30～33	30～33	25～30	23～25	21～23	20～21	<20	12～15

前发酵期酒精含量与酸度的变化见表 4-3。

表 4-3　前发酵期酒精含量与酸度的变化

发酵时间/h	24	48	72	96
酒精含量/%	>7.5	>9.5	>12	>14.5
酸度/(g/100mL)	<0.25	<0.25	<0.25	<0.35

3. 发酵罐

(1) 前发酵罐　前发酵罐有瘦长形和矮胖形两种，以前者较普遍，因为它有利于醪液对流和自动开耙，并且占地面积较小。前发酵罐容积按单位质量投料量的三倍体积计算，即每千克原料需 3L 的体积。罐体圆柱部分的直径 D 与高度 H 之比约为 $1:2.5$。材料大多采用 8mm 的 A_3F 碳钢板制作，内涂生漆或其他涂料，防止铁与酒醪的直接接触，影响酒的色泽、风味和稳定性。

前发酵罐冷却装置有列管内冷却、夹套外冷却和外围导向带式冷却，其中夹套外冷却的冷却面积较大，冷却速度较快，但冷却水利用率较低。也可采用三段夹套式冷却，分段控制进水量，以便按不同要求控制发酵液温度。目前趋向采用外围导向冷却，它能合理地利用冷却水，冷却面积比夹套式小，冷却速率稍慢。

(2) 后发酵罐　后发酵罐主要用于进行长时间缓慢后发酵，达到进一步转化淀粉和糖分为酒精，促使酒液成熟。由于发酵慢，时间长，所以，后发酵罐的数量和总容积远比前发酵罐多。后发酵罐一般为瘦长形圆柱锥底直立罐，可用 4mm 不锈钢板或 $6\sim8mm$ A_3F 碳钢板制造，但碳钢罐制好后要内涂生漆或其他防腐无毒涂料，其单位投料量所占的容积可按前发酵醪容积的 0.9 倍计算。后发酵醪的品温控制有三种方法，一是罐内列管冷却，对降低中心部位醪液的品温较容易；二是外围导向冷却，若要迅速降低酒醪中心部位品温，应与无菌空气搅拌相结合；三是后发酵室空调降温，效果好而耗冷量大，成本较高。后发酵时，一般是两罐前发酵醪合并为一罐后发酵醪进行后发酵，另一种方法是一罐罐将前发酵醪用酒泵移入后发酵罐进行发酵。前发酵罐和后发酵罐应分别安放在前、后发酵室内，用酒泵进行输送。后发酵室室温应比前发酵室温低，常在 18℃ 以下，后发酵醪品温控制在不超过 18℃，以防后发酵过程中发生升酸现象。

五、抑制式发酵和大接种量发酵

半甜型黄酒（善酿酒、惠泉酒）、甜型黄酒（香雪酒、封缸酒）要求保留较高的糖分和其他成分，它们是采用以酒代水的方法酿制的酒中之酒。

酒精既是酵母的代谢产物，又是酵母的抑制剂，当酒精含量超过5％时，随着酒精含量的提高，抑制作用愈加明显，在同等条件下，淀粉糖化酶所受的抑制相对要小。配料时以酒代水，使酒醪在开始发酵时就有较高的酒精含量，对酵母形成一定的抑制作用，使发酵速度减慢甚至停止，使淀粉糖化形成的糖分（以葡萄糖为主）不能顺利地让酵母转化为酒精；加之配入的陈年酒芬芳浓郁，故而半甜型黄酒和甜型黄酒不但残留的糖分较多，口味醇厚甘甜，而且具有特殊的芳香。这就是抑制式发酵生产黄酒。

1. 利用抑制式发酵生产半甜型黄酒

绍兴善酿酒是半甜型黄酒的代表，要求成品酒的含糖量在3％～10％，它是采用摊饭法酿制而成。在米饭落缸时，以陈年元红酒代水加入，故而发酵速度缓慢，发酵周期延长。为了维持适当的糖化发酵速度，配料中增加块曲和酒母的用量，并且添加酸度为0.3～0.5g/100mL的浆水，用以强化酵母营养与调和酒味，由于开始发酵时酒醪中已有6％以上的酒精含量，酵母的生长繁殖受到阻碍，发酵进行得较慢。要求落缸品温控制稍高2～3℃，一般在30～31℃，并做好保温工作，常被安排在不太冷的气候酿制。

米饭落缸后20h左右，随着糖化发酵的进行，品温略有升高，便可开耙。耙后品温可下降4～6℃，应该注意保温，又过十多小时，品温又恢复到30～31℃，即开二耙，以后再继续发酵数小时开三耙，并开始做好降温措施。此后要注意捣冷耙降温。避免发酵太老，糖分降低太多。一般发酵3～4天，便灌醅后发酵，经过70天左右可榨酒。

2. 应用大接种量方法生产半甜型黄酒

惠泉糯米酒是半甜型黄酒，它是利用新工艺大罐发酵生产而成，原料糯米经精米机精白后，用气力输送分选，整粒精白米入池浸渍达到标准浸渍度，经淘洗后进入连续蒸饭机蒸煮，冷却，米饭落罐时，配入原料米重120％的陈年糯米酒、4％的远年糟烧酒或高纯度酒精、18％的麦曲（加强糖化作用）及经48h发酵的江苏老酒醅1/2罐，相当于酒母接种量达到 100％，在大罐中进行糖化发酵 4 天，然后用空气将醪液压入后发酵大罐，后发酵 36 天左右，检验符合理化指标后，进往压榨、消毒、包装，贮存 3 年以上即为成品酒。

该工艺中，加曲量增加主要为了提高糖化能力以便使淀粉尽量转化为糖分。考虑到当醪液酒精含量超过 6％时，酵母难以繁殖，因此，采用高比例酒母接种使酵母在开始发酵时就具有足够的浓度，保证缓慢发酵的安全进行，维持一定的发酵速度，这是既节约又保险的措施。同样，酵母的发酵受到酒精的抑制作用，使酒醪中残存下部分糖分。采用陈年糯米黄酒和少量糟烧，一方面为了使酒醪在发酵开始时就存在一定含量的酒精，另一方面也给黄酒增加色、香、味，使惠泉酒色呈黄褐，香气芬芳馥郁，甘甜爽口有余香。

3. 甜型黄酒的抑制式发酵

含糖分在 10％以上的黄酒称为甜型黄酒。甜型黄酒一般都采用淋饭法酿制，即在饭料中拌入糖化发酵剂，当糖化发酵到一定程度时，加入 40％～50％的白酒，抑制酵母菌的发酵作用，以保持酒醪中有较高的含糖量。同时，由于酒醪加入白酒后，酒精含量较高，不致被杂菌污染，所以，生产不受季节的限制。甜型黄酒的抑制性发酵作用比半甜型黄酒更强烈，酵母的发酵作用更加微弱，故保留的糖分更多，酒液更甜。

香雪酒是甜型黄酒的一种，它首先采用淋饭法制成酒酿，再加麦曲继续糖化，然后加入白酒（酒糟蒸馏酒）浸泡，再经压榨，煎酒而成。酿制香雪酒时，关键是蒸饭要达到熟透不糊，酿窝甜液要满，窝内添加麦曲（俗称窝曲）和投酒必须及时。

首先，米饭要蒸熟，糊化透，吸水要多，以利于淀粉被糖化为糖分，但若米饭蒸得太糊太烂，不但淋水困难，搭窝不疏松，影响糖化菌生长繁殖，而且糖化困难，糖分形成少，窝曲是为了补充淀粉糖化酶量，加强淀粉的继续糖化，同时也赋予酒液特有的色、香、味。窝曲后，为防止酒醪中酵母大量繁殖并形成强烈的酒精发酵，造成糖分消耗，所以，在窝曲糖化到一定程度时，必须及时投入白酒来提高酒醪的酒精含量，强烈抑制酵母的发酵作用。白酒投入一定要适时，一般掌握在酿窝糖液满至90%，糖液口味鲜甜时，投入麦曲，充分拌匀，保温糖化12~14h，待固体部分向上浮起，形成醅盖，下面积聚10多厘米醪液时，便可投入白酒，充分搅拌均匀，加盖静止发酵1天，即灌醅转入后发酵。白酒投入太早，虽然糖分会高些，但是麦曲中酶的分解作用没能充分发挥，使醅醪黏厚，造成压榨困难，出酒率降低，酒液生麦味重等弊病；白酒添加太迟，则酵母的酒精发酵过度，糖分消耗太多，酒的鲜味也差，同样影响成品质量。所以，要选择糖化已进行得差不多，酵母已开始进行酒精发酵，其产生的二氧化碳气已能使固体醅层上浮，而还没进入旺盛的酒精发酵时投入白酒，迅速抑制酵母菌的发酵作用，使醪液残留较高的糖分。

香雪酒的后发酵时间长达4~5个月之久。在后发酵中，酒精含量会稍有下降，因为酵母的酒精发酵能力被抑制得很微弱或处于停滞状态，而后发酵时酒精成分仍稍有挥发，致使酒精含量略有降低。后发酵中，淀粉酶的糖化作用虽被钝化，但并没全部破坏，淀粉水解为糖分的生化反应仍在缓慢地进行，故而糖度、酸度仍有增加。酒醪中的酵母总数在后发酵前半时期仍有1亿个/mL，细胞芽生率在5%~10%，这充分表明黄酒酵母具有较强的耐酒精能力。

经后发酵后，酒液中的白酒气味已消失，各项理化指标已合格时，便进行压滤。由于甜型黄酒酒精含量、糖度都较高，无杀菌必要，但煎酒可以凝结酒液中存在的胶体物质，使之沉淀，维持酒液的清澈透明和酒体的稳定性，所以，可进行短时间杀菌。

六、压滤

压滤操作包括过滤和压榨两个阶段。压滤以前，首先应该检测后发酵酒醪是否成熟，以便及时处理，避免发生"失榨"现象。

1. 酒醪成熟的检测

酒醪的成熟与否，可以通过感官检测和理化分析来鉴别。

(1) 酒色　成熟的酒醪应糟粕完全下沉，上层酒液澄清透明，色泽黄亮。若色泽淡而混浊，说明成熟不够或已变质。如酒色发暗，有熟味，表示由于气温升高而发生"失榨"现象，即没有及时压滤。

（2）酒味　成熟的酒醪酒味较浓，爽口略带苦味，酸度适中，如有明显酸味，表示应立即搭配压滤。

（3）酒香　应有正常的酒香气而无异杂气味。

（4）理化检测　成熟的酒醪，通过化验酒精含量已达指标并不再上升，酸度在 0.4% 左右，并开始略有升高的趋势时，经品尝，基本符合要求，可以认为酒醪已成熟，即可压滤。

2. 压滤的基本原理和要求

黄酒酒醪具有固体部分和液体部分密度接近，黏稠成糊状，糟粕需要回收利用，因而不得添加助滤剂，最终产品是酒液等特点。它不能采用一般的过滤、沉降方法取出全部酒液，必须采用过滤和压榨相结合的方法来完成固、液的分离。

黄酒酒醪的压滤过程一般分为两个阶段，开始酒醪进入压滤机时，由于液体成分多，固体成分少，主要是过滤作用，称为"流清"。随着时间延长，液体部分逐渐减少，酒糟等固体部分的比例增大，过滤阻力愈来愈大，必须外加压力，强制地把酒液从黏湿的酒醪中榨出来，这就是压榨或榨酒阶段。

无论是过滤还是压榨过程，酒液流出的快慢基本符合过滤公式，即液体分离流出速度与滤液的可透性系数、过滤介质两边的压差及过滤面积成正比，而与液体的黏度、过滤介质厚度成反比。因此，在酒醪压滤时，压力应缓慢加大，才能保证滤出的酒液自始至终保持清亮透明，故黄酒的压滤过程需要较长时间。

压滤时，要求滤出的酒液要澄清，糟粕要干燥，压滤时间要短，要达到以上要求，必须做到以下几点。

（1）过滤面积要大，过滤层薄而均匀。

（2）滤布选择要合适，既要流酒爽快，又要使糟粕不易粘在滤布上，要求糟粕易于和滤布分离。另外要考虑吸水性能差，经久耐用等。在传统的木榨压滤时，都采用生丝绸袋，而现在的气膜式板框压滤机，常使用 36 号锦纶布作滤布。

（3）加压要缓慢，不论何种形式的压滤，开始时应让酒液依靠自身的重力进行过滤，并逐步形成滤层，待清液流速因滤层加厚，过滤阻力加大而减慢时，才逐级加大压力，避免加压过快。最后升压到最大值，维持数小时，将糟粕榨干。

3. 压滤设备

黄酒压滤传统利用笨重的杠杆式木榨床，目前已普遍采用气膜式板框压滤机，该机由机体、液压两部分组成。机体两端由支架和固定封头定位，靠滑杆和拉杆连为一体。滑杆上安放 59 片滤板及一个活动封头，由油泵电动换向阀和油箱管道油压系统所组成。

七、澄清

压滤流出的酒液称为生酒，应集中到澄清池（罐）内让其自然沉淀数天，或添加澄清剂，加速其澄清速度，澄清的目的如下。

(1) 沉降出微小的固形物、菌体、酱色中的杂质。

(2) 让酒液中的淀粉酶、蛋白酶继续对高分子淀粉、蛋白质进行水解，变为低分子物质。例如糖分在澄清期间，每天可增加 0.028% 左右的糖分，使生酒的口味由粗辣变得甜醇。

(3) 澄清时，挥发掉酒液中部分低沸点成分，如乙醛、硫化氢、双乙酰等，可改善酒味。

经澄清沉淀出的"酒脚"，其主要成分是淀粉糊精、纤维素、不溶性蛋白、微生物菌体、酶及其他固形物质。

在澄清时，为了防止发生酒液再发酵出现泛浑现象及酸败，澄清温度要低，澄清时间也不宜过长，一般在 3 天左右。澄清设备可采用地下池，或在温度较低的室内设置澄清罐，以减少气温波动带来的影响。要认真搞好环境卫生和澄清池（罐）、输酒管道的消毒灭菌工作，防止酒液染菌生酸。每批酒液出空后，必须彻底清洗灭菌，避免发生上、下批酒之间的杂菌感染。经数天澄清，酒液中大部分固形物已被除去，可能某些颗粒极小，质量较轻的悬浮粒子还会存在，仍能影响酒液的清澈度，所以，澄清后的酒液还需通过棉饼、硅藻土或其他介质的过滤，使酒液透明光亮，现代酿酒工业已采用硅藻土粗滤和纸板精滤来加快酒液的澄清。

八、煎酒

把澄清后的生酒加热煮沸片刻，杀灭其中所有的微生物，以便于贮存、保管，这一操作过程称它为"煎酒"。

1. 煎酒的目的

（1）通过加热杀菌，使酒中的微生物完全死亡，破坏残存酶的活性，基本上固定黄酒的成分。防止成品酒的酸败变质。

（2）在加热杀菌过程中，加速黄酒的成熟，除去生酒杂味，改善酒质。

（3）利用加热过程促进高分子蛋白质和其他胶体物质凝固，使黄酒色泽清亮，并提高黄酒的稳定性。

2. 煎酒温度选择

目前各厂的煎酒温度均不相同，一般在 85℃ 左右。煎酒温度与煎酒时间、酒液 pH 值和酒精含量的高低都有关系。如煎酒温度高，酒液 pH 值低，酒精含量高，则煎酒所需的时间可缩短，反之，则需延长。

煎酒温度高，能使酒的稳定性提高，但随着煎酒温度的升高，酒液中尿素和乙醇会加速形成有害的氨基甲酸乙酯，据测试，氨基甲酸乙酯主要在煎酒和贮存过程中形成。煎酒温度愈高，煎酒时间愈长，则形成的氨基甲酸乙酯愈多。

同时，由于煎酒温度的升高，酒精成分的挥发损耗加大，糖和氨基化合物反应生成的色素物质增多，焦糖含量上升，酒色会加深。因此，在保证微生物被杀灭的前提下，适当降低煎酒温度是可行的。这样，可使黄酒的营养成分不致破坏过多，生成的有害副产物也可减少，日本清酒仅在 60℃ 下杀菌 2～3min。我国黄酒的煎酒温度普遍在 83～93℃。要比清酒高得多。在煎酒过程中，酒精的挥发损失为 0.3%～0.6%，挥发出来的酒精蒸气经收集、冷凝成液体，称作"酒汗"。酒汗香气浓郁，可用作酒的勾兑或甜型黄酒的配料。

3. 煎酒的设备

常采用蛇管、套管、列管和薄板等换热器作为黄酒的煎酒设备。

目前，大部分黄酒厂已开始采用薄板换热器进行煎酒，薄板换热器高效卫生，如果采用两段式薄板热交换器，还可利用其中的一段进行热酒冷却和生酒的预热，充分利用热量。

要注意煎酒设备的清洗灭菌，防止管道和薄板结垢，阻碍传热，甚至堵塞管道，影响正常操作。

九、包装

灭菌后的黄酒应趁热灌装，入坛贮存。因酒坛具有良好的透气性，对黄酒的老熟极其有利。黄酒灌装前，要做好酒坛的清洗灭菌，检查是否渗漏。黄酒灌装后，立即扎紧封口，以便在酒液上方形成一个酒气饱和层，使酒气冷凝液回到酒液里，造成一个缺氧，近似真空的保护空间。

传统的绍兴黄酒，常在封口后套上泥头，用来隔绝空气中的微生物，使其在贮存期间不能从外界侵入酒坛内，并便于酒坛的堆积贮存，减少占地面积。目前部分泥头已用石膏代替，使黄酒包装显得卫生美观。

十、黄酒的贮存

新酒成分的分子排列紊乱，酒精分子活度较大，很不稳定，因此，其口味粗糙欠柔和，香气不足缺乏协调，必须经过贮存，促使黄酒老熟，因此，常把新酒的贮存过程称为"陈酿"。普通黄酒要求陈酿1年，名、优黄酒要求陈酿3～5年。经过贮存，黄酒的色、香、味及其他成分都会发生变化，酒体变得醇香，绵软，口味协调，在香气和口味各方面与新酒大不一样。

1. 黄酒贮存过程中的变化

（1）色的变化 通过贮存，酒色加深，这主要是酒中的糖分和氨基化合物（以氨基酸为主）相结合，发生氨基-羰基反应，形成类黑精所致。酒色变深的程度因黄酒的含糖量，氨基酸含量，pH 值高低而不同。甜型黄酒、半甜型黄酒因含糖分多而色泽容易加深；加麦曲的酒，因蛋白质分解力强，代谢的氨基酸多而比不加麦曲的酒的色泽深；贮存时温度高，时间长，酒液 pH 值高，酒的色泽也就深。贮存期间，酒色加深是老熟的一个标志。

（2）香的变化　黄酒的香气是酒液中各种挥发性成分对嗅觉的综合反应。黄酒香气主要在发酵过程中产生，酵母菌的酯化酶催化酰基辅酶与乙醇作用，形成各种酯类物质，如乙酸乙酯、乳酸乙酯、琥珀酸乙酯等。另外，在发酵过程中，除产生乙醇外，还形成各种挥发性和非挥发性的代谢副产物，包括高级醇、醛、酸、酮、酯等，这些成分在贮存过程中，发生氧化反应、缩合反应、酯化反应，使黄酒的香气趋向调和得到加强。其次，原料和麦曲也会增加某些香气。大曲在制曲过程中，经历高温化学反应阶段，生成各种不同类型的氨基羰基化合物，带入黄酒中去，增添了黄酒的香气。在贮存阶段，酸类和醇类也能发生缓慢的化学反应，使酒的香气增浓。

（3）味的变化　黄酒的味是各种呈味物质对味觉器官的综合反应，有甜、酸、苦、辣、涩。新酒的刺激辛辣味，主要是由酒精、高级醇、乙醛、硫化氢等成分所构成。糖类、甘油等多元醇及某些氨基酸构成甜味；各种有机酸，部分氨基酸形成酸味；高级醇、酪醇等形成苦味；乳酸含量过多有涩味，经过长期陈酿，酒精、醛类的氧化，乙醛的缩合，醇酸的酯化，酒精及水分子的缔合，以及各种复杂的物理化学变化，使酒的口味变得醇厚柔和，诸味协调，恰到好处。

但黄酒贮存不宜过长，否则，酒的损耗加大，酒味变淡，色泽过深，焦糖的苦味增强，使黄酒过熟，质量降低。

（4）氧化还原电位和氨基甲酸乙酯的变化　氧化还原电位随着贮存时间的延长而提高，主要是由于在贮存过程中，还原性物质被氧化所致。根据酒的种类、贮酒的条件、温度的变化，掌握适宜的贮存期，保证黄酒色、香、味的改善，又能防止有害成分生成过多。

2. 黄酒的大容器贮存

传统的黄酒以陶坛为贮酒容器。陶坛的装液量少，每坛装酒 25kg 左右，并且坛和酒的损耗较高，平均每年为 2%～4%，一个年产 1×10^7 kg 的黄酒厂，每年至少需要 40 多万只酒坛和 14300m² 的仓库面积。名优黄酒要贮陈 3 年，方能销售，占用的酒坛和仓库场地就更多。由于酒坛经不起碰撞，难以实现机械化操作，很不适应黄酒生产发展的需要。因此，采用大容器贮酒已成为必然趋势。它既能减少酒损，节省仓库用地，实现机械化操作，又能方便地排除贮酒过程中析出的酒脚，有利于提高酒的质量。

目前，黄酒贮罐的单位容量已发展到 50t 左右，比陶坛的容积扩大近 2000 倍，黄酒大罐贮存的关键问题是在保证口味正常的前提下，防止酒的酸败，在长时间贮存中，要求酒的酸度仅有较小的变化。要达到以上要求，必须注意以下几点。

(1) 灭菌　贮罐、管道、输酒设备应严格杀菌，保证无菌。日本清酒的大罐贮存，采用 H_2O_2 进行空罐消毒。国内黄酒厂常用蒸汽灭菌，灭菌时要特别注意死角和蒸汽冷凝水的排除。黄酒的煎酒温度一般控制在 85℃，维持 $15\sim30min$。

(2) 进罐　煎酒后，可采用热酒进罐，起到再杀菌的作用，也可在进罐以前，将酒温预先冷却到 $63\sim65℃$。再把酒送入大罐，这样既使酒保持无菌状态，又避免酒在高温下停留太久而风味变差。

(3) 降温　酒充满贮罐容积的 95% 左右后，应立即封罐，并迅速降温，为避免罐内产生负压，可边降温边向酒液上方空间补充无菌空气，维持罐内压力和保证无菌状态。降温速度要快，使酒的风味不致变坏，也可在灌酒结束时，添加部分高度白酒于黄酒表层，起到盖面的保护作用。并保证在较低温度下贮存，防止微生物污染。

(4) 罐材贮罐　可用不锈钢或碳钢涂树脂衬里进行制作，生产实践证明，使用生漆或过氯乙烯为涂料，对黄酒质量影响不大，生漆能耐温 150℃，可经受蒸汽灭菌，贮罐在涂料后，必须进行干燥，用水清洗，直到没有异味才能投入使用。

(5) 检测　大罐贮酒过程中，要加强检测化验，一旦发现不正常情况，要及时采取措施，以免造成重大损失。实践证明，大罐贮酒，只要设备、工艺设计得合理，贮存后的黄酒质量、风味均与陶坛贮存相似，并发现，在各个贮罐中，一般上部的酒质比中、下部的好，根据这一特点，可以灌装出不同质量的名、优酒产品，以利于提高经济效益。

第二节　黄酒酿造

一、绍兴黄酒

绍兴黄酒的酿造是一门综合性的发酵工程科学，涉及多种学科知识。先人们虽然不可能去理会这些科学知识，但凭借无数次的实践、总结、再实践，把经验转化为技能和技巧，于是形成了传至现今的一套娴熟完善的绍兴酒工艺。绍兴酒是以糯米为原料，经酒药、麦曲中多种有益微生物的糖化发酵作用，酿造而成的一种低酒度的发酵原酒。明代《天工开物》记载："凡酿酒，必资曲药成信，无曲即佳米珍黍，空造不成。"说明了酒药和麦曲在酿酒中的重要作用。

1. 工艺流程

（1）淋饭酒　糯米→过筛→加水浸渍→蒸煮→淋水冷却→搭窝→冲缸→开耙发酵→灌坛后酵→淋饭酒（醅）

（2）摊饭酒　糯米→过筛→浸渍→蒸煮→摊冷（清水、浆水、麦曲、酒母）→落缸→前发酵（灌坛）→后发酵→压榨→澄清→煎酒→成品

2. 操作要点

（1）酒药　又称小曲、白药、酒饼，是我国独特的酿酒用糖化发酵剂，也是我国优异的酿酒菌种保藏制剂。酒药中的糖化（根霉、毛霉菌为主）和发酵（酵母菌为主）的各种菌类是复杂而繁多的。绍兴黄酒就是以酒药发酵制作淋饭酒醅作酒母（俗称酒娘），然后去生产摊饭酒。它是用极少量的酒药通过淋饭法在酿酒初期进行扩大培养，使霉菌、酵母逐步增殖，达到淀粉原料充分糖化的目的，同时还起到驯养酵母菌的作用。这是绍兴酒生产工艺的独特之处。

酒药还有白药、黑药两种，白药作用较猛烈，适宜于严寒的季节使用，至今绍兴酒传统工艺仍采用白药；黑药则是在用早籼米粉和辣蓼草为原料的同时，再加入陈皮、花椒、甘草、苍术等中药末制成，作用较缓和，适宜在和暖的气温下使用。现在因淋饭酒酿季在冬天，

用的都是白药，黑药已基本绝迹。

（2）利用粮食原料　在适当的水分和温度条件下，繁殖培养具有糖化作用的微生物制剂叫做制曲。麦曲作为培养繁殖糖化菌而制成的绍兴酒糖化剂，它不仅给酒的酿造提供了各种需要的酶（主要指淀粉酶），而且在制曲过程中，麦曲内积累的微生物代谢产物，亦给绍兴酒以独特的风味。麦曲生产一般在农历八九月间，此时正值桂花盛开时节，气候温湿，宜于曲菌培育生长，故有"桂花曲"的美称。

20 世纪 70 年代前，绍兴的酒厂还是用干稻草将轧碎的小麦片捆绑成长圆形，竖放紧堆保温，自然发酵而成，称"草包曲"。但这种制曲方法跟不上规模产量日益扩大的需要，至 70 年代后期，改进操作方法，把麦块切成宽 25cm，厚 4cm 的正方形块状，堆叠保温，自然发酵而成，称为"块曲"。

麦曲中的微生物最多的是米曲霉（即黄曲霉），根霉、毛霉次之，此外，尚有少量的黑曲霉、青霉及酵母、细菌等。成熟的麦曲曲花呈黄绿色，质量较优，有利于酒醪升温和开耙调温。由于麦曲是多菌种糖化（发酵）剂，其代谢产物极为丰富，赋予绍兴酒特有的麦曲香和醇厚的酒味，构成了绍兴酒特有的酒体与风格。

（3）淋饭酒，俗称"酒娘"，学名"酒母"，原意为"制酒之母"，是作为酿造摊饭酒的发酵剂。一般在农历"小雪"前开始生产，经 20 天左右的养醅发酵，即可作为摊饭酒的酒母使用。因将蒸熟的饭用冷水淋冷的操作方法，故称"淋饭法"制酒。

淋饭酒在使用前都要经过认真的挑选，采用化学分析和感官鉴定的方法，挑选出酒精浓度高，酸度低，品味老嫩适中，爽口，无异杂气味，优良酒醅作为摊饭酒的酒母，这称为"拣娘"。它对摊饭酒的正常发酵和生产的顺利进行有着十分重要的意义。

（4）摊饭酒，又称"大饭酒"，即是正式酿制的绍兴酒。一般在农历"大雪"前后开始酿制。因采用将蒸熟的米饭倾倒在竹簟上摊冷的操作方法，故称"摊饭法"制酒。因颇占场地，速度又慢，现改为用鼓风机吹冷的方法，加快了生产进度。摊饭法酿酒是将冷却到一定温度的饭与麦曲、酒娘、水一起落缸保温，进行糖化发酵。

为了掌握和控制发酵过程中各种成分适时适量的生成，必须适时"开耙"，即搅拌冷却，调节温度，这是整个酿酒工艺中较难掌握的一项关键性技术，必须由酿酒经验丰富的老师傅把关。摊饭法酿酒工艺是边糖化边发酵，故也称"复式发酵"。

此项工艺质量控制繁杂，技术难度较大，要根据气温、米质、酒娘和麦曲性能等多种因素灵活掌握，及时调正，如发酵正常，酒醪中的各种成分比例就和谐协调，平衡生长，酿成的成品酒口感鲜灵、柔和、甘润、醇厚，质量会达到理化指标要求。摊饭酒的前后发酵时间达90天左右，是各类黄酒醇期最长的一种生产方法，所以风味优厚，质量上乘，深受各阶层人士的喜爱。

(5) 压榨　又称过滤。经80多天的发酵，酒醪已将成熟。此时的酒醪糟粕已完全下沉，上层酒液已澄清并透明黄亮；口味清爽，酒味较浓；有新酒香气，无其他异杂气。经化验糖、酒、酸理化指标达到质量标准要求，说明发酵已经完成。但因酒液和固体糟粕仍混在一起，必须把固体和液体分离开来，所以要进行压榨。压榨出来的酒液叫生酒，又称生清。生酒液尚含有悬浮物而出现混浊，还必须再进行澄清，减少成品酒中的沉淀物。

(6) 煎酒　又称灭菌。为了便于贮存和保管，必须进行灭菌工作，俗称"煎酒"。这是黄酒生产的最后一道工序，如不严格掌握，会使成品酒变质，可谓"前功尽弃"。"煎酒"这个名称是绍兴酒传统工艺沿袭下来的。我们的祖先根据实践经验，知道要把生酒变成熟酒才能不易变质的道理，因此采用了把生酒放在铁锅里煎熟的办法，称为"煎酒"，实际的意义主要是"灭菌"。

为什么要灭菌，因为经过发酵的酒醪，其中的一些微生物还保持着生命力，包括有益和有害的菌类，还残存一部分有一定活力的酶，因此，必须进行灭菌。灭菌是采用加热的办法，将微生物杀死，将酶破坏，使酒中各种成分基本固定下来，以防止在贮存期间黄酒变质。加热的另一个目的是促进酒的老熟，并使部分可溶性蛋白凝固，经贮存而沉淀下来，使酒的色泽更为清亮透明。

(7) 成品包装　成品包装与煎酒实际上是一气呵成的，主要是为了便于贮存、保管、运输以及有利于新酒的陈酿老熟。绍兴黄酒自古以来采用 25kg 容量的大陶坛盛装，直至现代，其他材料很多，但仍不能与之比拟。用陶坛盛装，即使存放几十年也不会变质，绍兴酒的"越陈越香"主要是靠陶坛贮存的包装形式来完成的。但也有缺点存在，如搬运、堆叠劳动强度大，外表粗糙不美观，占用仓库面积大，贮存期酒的损耗多等。

二、玉米黄酒

黄酒是我国历史悠久的民族特产，具有香气浓郁、酒体甘醇、风味独特、营养丰富等特点，是人们喜爱的一种低度酒。一般黄酒以大米、糯米或黍米为原料，加入麦曲、酒母边糖化边发酵而成。用玉米碴酿制黄酒，可以解决黄酒原料来源，既找到了一条玉米加工的新路，又降低了成本，提高了经济效益。

1. 原料配方

玉米碴子 100kg，麦曲 10kg，酒母 10kg。

2. 工艺流程

玉米→去皮、去胚→破碎→淘洗→浸米→蒸饭→淋饭→拌料（加麦曲、酒母）→入罐→发酵→压榨→澄清→灭菌→贮存→过滤→成品

3. 操作要点

（1）玉米碴子制备　因玉米粒比较大，蒸煮难以使水分渗透到玉米粒内部，容易出生芯，在发酵后期也容易被许多致酸菌作为营养源而引起酸败。玉米富含油脂，是酿酒的有害成分，不仅影响发酵，还会使酒有不快之感，而且产生异味，影响黄酒的质量。因此，玉米在浸泡前必须除去玉米皮和胚。

要选择当年的新玉米为原料，经去皮、去胚后，根据玉米品种的特性和需要，粉碎成玉米碴子，一般玉米碴子的粒度约为大米粒度的一半。粒度太小，蒸煮时容易黏糊，影响发酵；粒度太大，因玉米淀粉结构致密坚固不易糖化，并且遇冷后容易老化回生，蒸煮时间也长。

（2）浸米　浸米的目的是为了使玉米中的淀粉颗粒充分吸水膨

胀，淀粉颗粒之间也逐渐疏松起来。如果玉米碴子浸不透，蒸煮时容易出现生米，浸泡过度，玉米碴子又容易变成粉末，会造成淀粉的损失，所以要根据浸泡的温度，确定浸泡的时间。因玉米碴子质地坚硬，不易吸水膨胀，可以适当提高浸米的温度，延长浸米时间，一般需要 4 天左右。

（3）蒸饭　对蒸饭的要求是，达到外硬内软、无生芯、疏松不糊、透而不烂和均匀一致。因玉米中直链淀粉含量高，不容易蒸透，所以蒸饭时间要比糯米适当延长，并在蒸饭过程中加 1 次水。若蒸得过于糊烂，不仅浪费燃料，而且米粒容易黏成饭团，降低酒质和出酒率。因此饭蒸好后应是熟而不粘，硬而不夹生。

（4）冷却　蒸熟的米饭，必须经过冷却，迅速地将温度降到适合于发酵微生物繁殖的温度。冷却要迅速而均匀，不产生热块。冷却有两种方法，一种是摊饭冷却法；另一种是淋饭冷却法。对于玉米原料来说，采用淋饭冷却法比较好，降温迅速，并能增加玉米饭的含水量，有利于发酵菌的繁殖。

（5）拌料　冷却后的玉米碴子饭放入发酵罐内，再加入水、麦曲、酒母，总重量控制在 320kg 左右（按原料玉米碴子 100kg，麦曲、酒母各 10kg 为基准），混合均匀。

（6）发酵　发酵分主发酵和后发酵两个阶段。主发酵时，米饭落罐时的温度为 26～28℃，落罐 12h 左右，温度开始升高，进入主发酵阶段，此时必须将发酵温度控制在 30～31℃，主发酵一般需要 5～8 天的时间。经过主发酵后，发酵趋势减缓，此时可以把酒醅移入后发酵罐进行后发酵。温度控制在 15～18℃，静止发酵 30 天左右，使残余的淀粉进一步糖化、发酵，并改善酒的风味。

（7）压榨、澄清、灭菌　后发酵结束，利用板框式压滤机把黄酒液体和酒糟分离开来，让酒液在低温下澄清 2～3 天，吸取上层清液并经棉饼过滤机过滤，然后送入热交换器灭菌，杀灭酒液中的酵母和细菌，并使酒液中的沉淀物凝固而进一步澄清，也使酒体成分得到固定。灭菌温度为 70～75℃，时间为 20min。

（8）贮存、过滤、包装　灭菌后的酒液趁热灌装，并严密包装，入库陈酿一年，再过滤去除酒中的沉淀物，即可包装成为成品酒。

三、糜子黄酒

1. 工艺流程

黍米→洗涤→烫米→散凉→浸渍→煮糜→散凉拌曲→加酒母→缸发酵→压榨→澄清

　　　　　　　　　　　　　　　　↓　　　　　↓　　　　　　　　↓　　　↓

　　　　　　　　　　　　　麦曲（块曲）　固体酵母　　　　　酒糟　成品

2. 操作要点

（1）烫米　因黍米颗粒小而谷皮厚，不易浸透，所以黍米洗净后先用沸水烫 20min，使谷皮软化开裂，便于浸渍。

（2）浸渍　烫米后待米温降到 44℃以下，再进行浸米。若直接把热黍米放入冷水中浸泡，米粒会"开花"，使部分淀粉溶入于水中而造成损失。

（3）煮糜　浸米后直接用猛火熬煮，并不断地搅拌，使黍米淀粉糊化并部分焦化成焦黄色。

（4）糖化发酵　将煮好的黍糜放在木盆（或铝盘）中，摊凉到 60℃，加入麦曲（块曲），用量为黍米原料的 7.5，充分拌匀，堆积糖化 1h，再把品温降至 28～30℃，接入固体酵母，接种量为黍米原料的 0.5%，拌匀后落缸发酵。落缸的品温根据季节而定。总周期约为 7 天。再经过压榨、澄清、过滤和装瓶即为成品。

3. 产品特点

（1）色泽　黑褐色。

（2）气味　香味独特，具有焦米香。

（3）滋味　味醇正适中，微苦而回味绵长。

（4）体态　澄清、无沉淀、不混浊。

四、糯米黄酒

1. 工艺流程

糯米→浸米→蒸煮→冷却→拌曲→糖化发酵→压榨→过滤、杀菌、装罐

2. 操作要点

（1）浸米　将糯米或黏黄米用水浸泡，直至米吸水膨胀，便于蒸煮和糊化。

（2）蒸煮　浸好的米入锅蒸煮，直至糊化，以利于糖化，绍兴酒蒸煮要求饭粒松、无白心，山东黄酒要求将米熬煮成干粥状。熬煮时间长短与米色深淡有关，根据不同品种而定。

（3）冷却　制绍兴酒的冷却方法有凉水淋和竹席摊晾两种，冷却至 50～55℃。山东黄酒在木檐内摊凉，冷却至 30～35℃。

（4）拌曲　蒸煮好的米饭冷却后拌入麦曲、酒曲装入罐中，糖化发酵。

（5）糖化发酵　糯米或黏黄米，经过浸泡和蒸煮后所含淀粉充分糊化，通过麦曲和酒曲的作用变成可发酵的糖，进而由酒曲中所含的天然酵母进行酒精发酵，生成酒精及二氧化碳。发酵过程中温度升高时，要进行开耙，以促进酵母繁殖，经过数次开耙即可。一般绍兴酒 14 天，山东黄酒 7 天，发酵即完成。

（6）压榨　将发酵好的酒醅装入袋中，经压榨使酒液与酒糟分离，酒液流出。

（7）过滤、杀菌、装罐　过滤后的酒液，一般采用水浴加热进行杀菌。将酒装入容器，置锅内隔水加热，使酒的温度达到 75～80℃，酒内活酵母及醋酸菌等有害杂菌被杀死，便可保证质量和延长保存期。黄酒装瓶后应入锅杀菌。酒如果装坛，事先将坛用蒸汽杀菌消毒，装坛要密封，严禁漏酒、漏气、进水。

五、红薯黄酒

黄酒是以谷物、红薯等为原料，经过蒸煮、糖化和发酵、压滤而成的酿造酒。

1. 原料配方

鲜红薯 50kg，大曲（或酒曲）7.5kg，花椒、小茴香、陈皮、竹叶各 100g。

2. 工艺流程

选料→蒸煮→加曲配料→发酵→压榨→装存

3. 操作要点

(1) 选料、蒸煮　选含糖量高的新鲜红薯，用清水洗净晾干后在锅中煮熟。

(2) 加曲配料　将煮熟的红薯倒入缸内，用木棍搅成泥状，然后将花椒、茴香、竹叶、陈皮等调料，兑水 22kg 熬成调料水冷却，再与压碎的曲粉相混合，一起倒入装有红薯泥的缸内，用木棍搅成稀糊状。

(3) 发酵　将装好配料的缸盖上塑料布，并将缸口封严，然后置于温度为 25～28℃ 的室内发酵，每隔 1～2 天搅动 1 次。薯浆在发酵过程中有气泡不断溢出，当气泡消失时，还要反复搅拌，直至搅到有浓厚的黄酒味，缸的上部出现清澈的酒汁时，将发酵缸搬到室外，使其很快冷却。这样制出的黄酒不仅味甜，而且口感好，否则，制出的黄酒带酸味。也可在发酵前，先在缸内加入 1.5～2.5kg 白酒作酒底，然后再将料倒入。发酵时间长短不仅和温度有关，而且和酒的质量及数量有直接关系。因此，在发酵中要及时掌握浆料的温度。

(4) 过滤压榨　先把布口袋用冷水洗净，把水拧干，然后把发酵好的料装入袋中，放在压榨机上挤压去渣。挤压时，要不断地用木棍在料浆中搅戳以压榨干净。有条件的可利用板框式压滤机将黄酒液体和酒糟分离。然后将滤液在低温下澄清 2～3 天，吸取上层清液，在 70～75℃ 保温 20min，目的是杀灭酒液中的酵母和细菌，并使酒中沉淀物凝固而进一步澄清，也让酒体成分得到固定。待黄酒澄清后，便可装入瓶中或坛中封存，入库陈酿 1 年。

4. 红薯黄酒的特点

(1) 所使用的糖化发酵剂为自然培养的麦曲和酒药，或由纯菌种培养的麦曲、米曲、麸曲及酒母。由各种霉菌、酵母和细菌共同参与作用。这些多种糖化发酵剂、复杂的酶系，各种微生物的代谢产物以及它们在酿造过程中的种种作用，使黄酒具有特殊的色、香、味。

(2) 黄酒发酵为开放式的、高浓度的、较低温的、长时间的糖化发酵并行型，因而发酵醪不易酸败，并能获得相当高的酒度及风味独特的风味酒。

（3）新酒必须杀菌，并经一定的贮存期，才能变成芳香醇厚的陈酒。

六、干型黄酒

1. 工艺流程

原料→粉碎→液化→冷却→投料→麦曲添加→添加酵母→主发酵→后发酵→成品酒

2. 操作要点

（1）原料　原料要求以晚籼米筛出的碎米，水分14％以下，精白无黄粒。

（2）原料粉碎　采用啤酒用米粉碎系统进行干法粉碎，细度40～60目。

（3）液化　利用啤酒厂糖化设备，投料3500kg，料水比1：2，投料温度50℃，α-淀粉酶用量30U/g大米，其中投料时加5U/g大米，升温至60℃时加25U/g大米，石膏250g/10^3kg大米，用磷酸调pH值为5.8～6.0，液化工艺为：淀粉酶→50℃投料（10min）→65℃加淀粉酶（1℃/min）→68℃→1℃/min→80℃→100℃（10～20min）。

（4）冷却　采用螺旋式换热器，2～4℃冰水冷媒温度上升至70～80℃。物料从100℃下降至25～30℃即为投料温度。

（5）投料　发酵罐容量40m³，分2次投料，首次液化液15.5×10^3kg（大米量3500kg），经冷却后通过输送管道泵入发酵罐，入罐时物料温度24～27℃，第2次投料在第1次投料24h后进行。

（6）麦曲添加　麦曲用量为原料量的5％，第1次投料和第2次投料时各添加2.5％，添加时用空气搅拌使之混合均匀。

（7）添加酒母　成熟酒母含酵母数在1.5×10^8个/mL以上。酒母量为原料量的8％～10％，第1次投料和第2次投料时各添加4％～8％，添加时搅拌均匀。

（8）主发酵　主发酵温度27～30℃，最高温度不得超过32℃，主发酵时间4～5天。主发酵期间，每隔8h通风搅拌10min，主发酵结束时，酒精含量15.5％～17.0％，酸度5.0～6.5g/L。

（9）后发酵　后发酵温度控制在 15～25℃，后发酵时间 15～20 天。

（10）成品酒质量　酒精（20℃）（体积分数）为 16%，总酸（以乳酸计）5.9g/L，总糖（以葡萄糖计）3.6g/7L，非糖固形物 32g/L，β-苯乙醇 127×10^{-6} g/L，pH 4.0。

七、大罐酿甜型黄酒

甜型黄酒由于本身酒度适中，口味鲜甜，质地浓厚，受到广大消费者的喜爱。但传统工艺多采用淋饭法生产，因受场地、季节、气候等因素的影响，产能受到一定限制。20 世纪 90 年代初，绍兴东风酒厂以大米（糯米）、麦曲、酒母及糟烧为主要原料，通过有效控制糖化、发酵进程，生产出了醇香浓郁、甘甜清爽的甜型黄酒产品"沉香酒"。沉香酒的酿造关键是落罐投料时加入一定量的白酒，以抑制酵母发酵。该产品生产周期较长，受季节限制少。与绍兴酒中传统产品香雪酒相比，沉香酒具有酒度低、糖度高、香浓味醇、营养丰富之特点。

1. 原料配方

糯米 100kg，块曲 8.2kg，糖化曲 3.8kg，酒母 3kg，50% 白酒 103kg。

2. 工艺流程

糯米→浸米→蒸饭→落罐（加糟烧、麦曲、酒母）→糖化、发酵→后酵→压榨→成品

3. 操作要点

（1）浸米蒸饭　室温 25℃条件下浸渍 3～4 天后，用卧式蒸饭机蒸饭。

（2）投料落罐　将饭、麦曲、酒母和糟烧按配方量投入发酵罐，控制落罐温度为 30～33℃。

（3）开耙发酵　投料 24h 后开头耙，以后每隔 12h 开一耙，直至压罐，发酵品温一般为自然发酵温度。4 天后压至后酵罐。

（4）压榨、过滤　后发酵 3 个月左右即可压榨。

（5）成品

① 感官指标　橙黄色，清亮透明，有光泽，醇香浓郁，甘甜清爽，具有沉香酒独特风格。

② 理化指标　酒精（20℃，体积分数）≥16.5%，糖度（以葡萄糖计）≥240g/L，总酸（以乳酸计）≤750g/L，氨基酸态氮≥10g/L。

八、灵芝精雕酒

1. 工艺流程

糯米→筛米→浸米→蒸饭→糖化、发酵（加麦曲、水、酒母、灵芝提取物、低聚糖液等）→后醇→压榨→澄清→杀菌→贮存→过滤→灌装→灭菌→成品酒→入库

2. 操作要点

（1）筛米　将糯米中的米糠及泥砂等杂质进行分离，以提高米的精白度，确保酒质。

（2）浸米　糯米经分筛后，入浸米池，24℃浸泡24～48h。

（3）蒸饭　浸好的米进入连续卧式蒸饭机，以98kPa蒸汽蒸15～30min。

（4）糖化、前醇　蒸饭冷却后，和麦曲、水、酒母一起进入发酵罐进行糖化、发酵。经48～72h后，加入灵芝提取物、香菇提取物及竹叶提取物。再经96～120h，主发酵结束，此时加入部分低聚糖液。

（5）后醇　控制室温15～18℃，经16～18天敞口发酵，此时视产品质量要求加陈年绍兴酒及其余糖液。

（6）压榨　酿造完成后主要利用板框式压滤机进行压榨，将酒醪中的酒和糟分离，并调整成分至规定要求。

（7）澄清　由于压榨出来的酒中含有很多微细的固形物，因此压榨后的酒还需静置澄清72～96h，使少量微小的悬浮物沉到酒池底部。

（8）杀菌　澄清后的酒中尚含有一些微生物，包括各种有益菌和有害菌，此外，还有一部分有活力的酶，为便于酒的贮存和保管，酒

液采用热交换器进行杀菌，出酒温度控制在 85～90℃。

（9）贮存　杀菌后的酒一般存放在已灭菌陶坛中，上覆荷叶、灯盏、箬壳，最后用泥头密封后加以贮存。

（10）过滤、灌装　将贮存后的酒通过勾兑，再经硅藻土和微孔滤膜两道过滤后进行灌装，灌装所用空瓶采用碱液和自来水进行多次清洗。

（11）杀菌　酒液灌瓶后从室温加热至 85℃左右维持 2～5min，以杀死酒中各类微生物，确保成品酒质量。

（12）成品酒、入库　灭菌后的瓶酒，由公司检测中心抽样检验。检验合格后，出具检验单，然后入库。

九、绍兴加饭酒

加饭酒，顾名思义，就是在配料中增加了饭量，实际上是一种浓醪发酵酒。此酒质地醇厚，酒度较高，贮存的时间也相当长，为绍兴酒中的上品，受到国内外市场的欢迎。

1. 原料配方

根据加饭量的增加多寡，习惯上还分成单加饭和双加饭两种，但过去各酒厂对原料配比并无严格的规定，因此品质参差不齐，很难区分。按目前统一的配方，每缸原料的配方如下。

糯米 144kg，麦曲 25kg，浆水 50kg，清水 68.6kg，淋饭酒母 8～9kg，50°糟烧 5kg，饭水总重量 338.5kg。

2. 工艺流程

糯米→淘洗→浸米→蒸饭→淋饭→拌料（加麦曲、酒母）→入罐→发酵→压榨→澄清→灭菌→贮存→过滤→成品

3. 操作要点

（1）由于饭量多，醪液浓厚，主发酵期间品温上升较快，因此，下缸温度要求比元红酒低 2～3℃，同时保温措施亦可减少。此外，为了便于控制发酵温度，可安排在严寒气温时酿制。

（2）主发酵时间较长，须经过 15～20 天，等米粒完全沉至缸底，才灌坛养坯，进行后发酵。在灌坛之前每缸加入 50°糟烧 5kg 和少量

淋饭酒母醪液，以提高酒精浓度，增强发酵力，防止发酵醪酸败。整个发酵期需 80～90 天。

（3）因醪液浓厚，发酵不完全，形成的糟粕多，压榨困难，压榨的时间一般要比元红酒增加 1 倍。

十、善酿酒

善酿酒又叫双套酒，在 1892 年绍兴沈永和酒坊首次试制成功，当时工人从双套酱油得到启发，是根据酱油代替水制造母子酱油的原理，创造了用酒代水酿酒的方法。善酿酒是一种半甜味酒，因为需要二三年的陈元红酒代替水，其成本较高，出酒率较低和资金周转慢，所以产量少，是一种高级饮料酒。此酒的口味香甜醇厚，并且有独特的风味，可与优质的甜葡萄酒相媲美。

1. 原料配方

糯米 144kg，麦曲 25kg，浆水 50kg，淋饭酒母 15kg，陈元红酒 100kg。

2. 工艺流程

糯米→淘洗→浸米→蒸饭→淋饭→拌料（加麦曲、酒母）→入罐→发酵→压榨→澄清→灭菌→贮存→过滤→成品

3. 操作要点

善酿酒的操作与元红酒差不多，其区别是由于落缸时加入了大量的陈元红酒，醪液的酒精已达 6％以上，酵母的生长繁殖受到阻碍，发酵速度较慢，糖分也消化不了，整个发酵过程中，糖分始终在 7％以上，为了在开始促进酵母的繁殖和发酵作用，要求落缸温度比元红酒提高 1～2℃，并需加强保温工作。

此外，由于酒精的增加缓慢，发酵时间长达 80 天左右。压榨时，因为醪液黏厚，压榨的时间也需延长。

十一、绍兴香雪酒

香雪酒也和善酿酒相似，是用酒来代替水酿制的，不过它用的是陈年糟烧而不是陈元红酒。在操作上香雪酒是采用淋饭法。由于绍兴

香雪酒是用甜酒酿加入糟烧酒泡制而成的，其酒精度和糖度高，生产可不受季节的限制。因天气炎热时适于制造甜酒酿，故一般安排在夏季酿制。香雪酒虽然是用糟烧酒代替水酿制的，但经过陈酿后，此酒上口鲜甜醇厚，既不感到白酒的辛辣味，又有绍兴酒特有的浓郁芳香，为国内外消费者所欢迎。

香雪酒的制作关键是糖化适时，即等到糖分积累得多的时候，加入大量的糟烧，抑制了酵母的发酵作用，将醪液中的糖分基本固定下来，而成为酒度和糖度都高的甜酒。

1. 原料配方

糯米100kg，麦曲10kg，50°糟烧100kg，酒药0.187kg。

2. 工艺流程

糯米→淘洗→浸米→蒸饭→淋饭→拌料（加麦曲、酒母）→入罐→发酵→压榨→澄清→灭菌→贮存→过滤→成品

3. 操作要点

下缸搭窝以前的操作完全与淋饭酒母相同。搭窝后经过36～48h，圆窝内甜液已满，此时在圆窝内先投入磨碎麦曲，充分拌匀，继续保温促进其糖化，俗称窝曲。再经过24h，糖分已积累很多，就可加入酒度50°的糟烧，用木耙捣匀，然后加盖静置。以后相隔3天捣拌1次，这样经2～3次搅拌，便可用洁净的空缸覆盖，两缸口的衔接处，用荷叶衬垫并用盐卤、泥土封口。经3～4个月，即可启封榨酒。香雪酒由于含糖量高，酒糟厚，榨酒时间比元红酒长。

香雪酒不加糖色，成品酒为透明金黄色的液体。因酒度和糖度都较高，无杀菌的必要，一般不经杀菌也可装瓶。煎酒的目的仅为了让胶体物质凝结，使酒清澈透明。

十二、沉缸酒

沉缸酒是福建省龙岩酒厂生产的一种名酒，它的操作法和绍兴香雪酒有些类似，也是采用淋饭法先进行糖化发酵，然后再在中途掺入米烧酒而酿成的甜味酒。沉缸酒的特点是香甜可口，比一般的甜黄酒有黏稠感觉，并且饮后余味绵长。

1. 原料配方

糯米 40kg, 药曲 0.186kg, 厦门白曲 0.065kg, 红曲 2kg, 53°米烧酒 34kg。

2. 工艺流程

糯米→淘洗→浸米→蒸饭→淋饭→拌料（加麦曲、酒母）→入罐→发酵→压榨→澄清→灭菌→贮存→过滤→成品

3. 操作要点

白酒分 2 次加入，这与一般甜黄酒的生产不同。开始时米烧酒加得少，这样有利于糖化和发酵的继续进行，并用以控制温度和防止酸度增加过大。再经几天发酵后，把余下的米烧酒加入，使达到规定的酒度和将醪液中的糖分基本上固定下米。具体操作是当窝内甜液满到五分之三时，就加入红曲和 17.6% 的 53°米烧酒（即每缸 6kg），进行 3～4 天的糖化以后，再加入其余的 82.4% 的 53°米烧酒（即每缸 28kg），静置养坯 50～60 天，经压榨、煎酒和装坛密封贮存后，即为成品。

十三、乌衣红曲黄酒

在浙江省的温州、平阳和金华等地主要生产乌衣红曲黄酒。乌衣红曲外观呈黑褐色，它是把黑曲霉、红曲霉和酵母等发酵微生物混杂生长在米粒上制成的一种糖化发酵剂。由于乌衣红曲兼有黑曲霉及红曲霉的优点，具有耐酸、耐高温的特点，糖化力也很强，所以乌衣红曲黄酒的出酒率为各地黄酒所不及。

1. 工艺流程

大米→浸米→蒸煮→摊凉→拌曲→落缸或下池→糖化发酵→后发酵→榨酒→煎酒→成品

2. 操作要点

（1）由于温州、平阳和金华等地酿造黄酒用籼米原料较多，蒸煮很困难，因此都采取先浸米、后粉碎的操作方法。把浸渍 2～3 天的米粉碎成粉末，用甑或蒸饭机把米粉蒸熟，并打散团块和摊凉备用。酿造乌衣红曲黄酒时加水量比较多，米粉落缸后不至于黏结成块，反

而有利于糖化和发酵的进行。

（2）采用浸曲法培养酒母。一般用五倍于曲重量的清水浸曲，用曲量为原料大米的 10%，浸曲时间为 2～3 天，视气温高低而定。浸曲的目的是将淀粉酶等浸出和使酵母预先繁殖起来，相当于培养酒母。据某厂的经验介绍，掌握浸曲的标准是曲子必须全部浮到液面上来，说明酵母的繁殖旺盛，这样曲就算浸好了。此时加入蒸熟的米粉后，糖化和发酵会进行得很快，做好酒就有了保证。浸曲时为了防止杂菌生长和有利于酵母繁殖，应加入适量乳酸调节 pH 至 4 左右，这样既可保障酵母的纯粹培养，又可改善酒的风味。此外，在浸曲时最好能接入纯种培养的优良黄酒酵母，还要加强浸曲时的分析检查。

（3）由于原料粉碎以后，发酵醪已基本上成为糊状流动液，再加上糖化发酵速度快，醪液稀薄，便于管道输送，为酿造黄酒的机械化创造了有利条件。目前，已有不少工厂对工艺设备作了较大的改进，如采用浸米池、连续蒸饭机、大池发酵、酒醪泵和恒温自动控制煎酒器等设备，减轻了劳动强度，并初步实现了黄酒生产的机械化。有的厂为了便于控制发酵的温度，还采用了喂饭操作法，对提高出酒率和酒质量有一定作用。

十四、即墨老酒

我国北方各省酿造黄酒多采用黍米为原料，主要产地为山东、山西及河北等省，以山东省的黄酒产量最多，而即墨老酒更有盛誉。即墨老酒色呈黑褐色，香味独特，具有焦米香，味醇和适口，微苦而回味深长。即墨老酒的生产操作方法和南方大米黄酒有很大的区别，现介绍如下。

1. 工艺流程

黍米→洗涤→烫米→散凉→浸渍→煮糜→凉散→拌曲→加酒母→落缸→发酵→压榨→成品

2. 操作要点

（1）烫米 由于黍米的谷皮较厚，颗粒较小，一般浸渍 10h 左右是不容易使水分渗入到黍米的内部去，造成煮糜困难。因此，要通过烫米，使黍米外包着的谷皮能软化裂开，便于浸渍时水分能渗透到黍米的内部去，使淀粉颗粒之间松散开来，以利于煮糜。此外，烫米以后要散冷到 44℃ 以下再去浸渍，若直接把热的黍米放进冷水，米粒会产生"大开花"现象，谷皮里面的淀粉吐出到皮外来，会使一部分淀粉溶解到水中而造成损失。

（2）煮糜　黍米原料的蒸煮采用直接火煮糜的方法。酿造老酒煮糜始终用猛火熬煮，并不停地用木耙翻拌，除了使黍米淀粉糊化外，还使黍米焦化带色，用这种焦黄色黍米酿造的酒，色深且带有焦香味。由于煮熟的黍米醪俗称糜，故此操作称为煮糜。

（3）糖化和发酵　将煮好的糜放在木槽中，摊凉至 60℃，加入生麦曲（块曲），用量为黍米原料的 7.5%，充分拌匀，堆积糖化 1h。再把晶温降至 28～30℃，接入为黍米原料量 0.5% 的固体酵母，拌匀后入缸中发酵，入缸品温按季节而定。由于采用了分段糖化和发酵的方法，糖化和发酵迅速，整个发酵期很短，一般约为 7 天。再经过压榨和澄清后，可不必施行灭菌操作，便可作为商品出售。

目前，即墨黄酒厂对生产设备作了较大的改革，如浸米和发酵都用罐代缸、机械搅拌机代木耙铲糜以及使用板框式空气压榨机等，这样减轻了工人的劳动强度，并为即墨老酒实现机械化生产打下了基础。

第五章

果酒和黄酒质量控制及品评

第一节 果酒的质量控制及品评

一、非生物性质量问题及其防治

果酒由于其所含的阳离子而形成胶体络合物，并进而形成混浊，这被称为"破败病"。由于这种问题能够改变果酒的外观，如混浊、沉淀、褪色等，正常的果酒是澄清透明的，患了"破败病"后，一般只是外观和颜色发生变化，严重时可引起风味上的变化。果酒破败病的发生与氧化还原电位的变化有很大的关系。

1. 铁造成的变质

果酒中发生的化学反应，分为氧化反应和还原反应两种。由于氧化反应引起果酒的病害，分为"铁破败病"和"棕色破败病"。果酒的铁离子，通常是以还原状态的亚铁离子形式存在。当暴露空气后，二价的铁离子被氧化成三价铁离子。三价铁离子与磷酸根化合，生成白色沉淀，叫白色破败病。三价铁离子与单宁化合，生成蓝色沉淀，叫蓝色破败病。防止铁破败就要首先防止或减少铁浸入果酒中的机会，容器不要用铁制品，准确分析果酒中的铁含量，通过精确计算，往果酒中加入一定量的黄血盐（亚铁氰化钾），把多余的铁除去。也可用植酸钙处理果酒，除去多余的铁。若果酒中含铁在 5mg/L 以下，是比较正常的。具体如下。

（1）降低酒中铁的含量——氧化处理法

① 氧化加胶法 原理是酒中通过加氧使其氧化，酒变浑，加胶使其沉淀，这样可除去部分铁。这样处理的酒，因为加入大量的鞣质

与饱和氧气，会使酒减少酒香、果香，变得生硬，因此这种方法可用在一般果酒，对名酒则不宜采用。

② 植酸钙处理法　原理是植酸钙能与大部分金属生成一种不溶解的盐，通过过滤等方法便可将其除去。处理后的酒在外运或装瓶前还应做破败病试验，即暴露在空气中看看是否会产生破败病。植酸钙除铁的优点是它对酒有效，对身体无害，方法简便而且花钱不多。植酸钙除铁的缺点是加入植酸钙后，必须强烈地通空气，还要辅以柠檬酸处理，对某些酒来说，很可能降低它原有的感官评价，还不能同时除去酒中的铜，对某些果酒来说并不是一个完备的处理方法。

③ 麸皮去铁法　禾谷类种子的皮层均含植酸，尤其是小麦表层含植酸多，故用麸皮处理果酒时，在除铁作用上和植酸钙的效果差不多。去铁的麸皮要新鲜，先做小型试验来找出适合的用量，一般为每100L 酒加 50～150g 麸皮，洗涤之后（洗至水清亮，除去淀粉和灰尘），压干后放进酒中。加入前应通空气，为使麸皮悬浮于酒中，可经常加以搅拌（12h 搅拌一次），处理 4 天，加胶过滤。

④ 黄血盐法　一般黄血盐法可除去酒中的金属铁、铜、锌离子。但是黄血盐不是完全按照上述规律进行反应的，而是首先与铜，随后与锌反应，最后伴随着与铁的反应。如果按照除尽铜、锌离子而添加黄血盐的量，是不能达到理想效果的。只有稍许超过与铜、锌离子反应所需要的黄血盐的量，才能达到预期效果。但是采用黄血盐处理酒中金属离子有一个很大的缺点，就是万一疏忽用酒直接溶解黄血盐，就会使酒中的酸将黄血盐分解生成氢氰酸，这是一种剧毒物质，50mg 即可置人于死亡。一旦过量容易中毒，反之黄血盐加少了铁就除不去。需要进行第 2 次处理，这样对酒的感官质量会产生影响。总之此法在国内酒厂很少使用。

(2) 还原处理（用维生素 C 除铁法）　维生素 C 又名抗坏血酸，为白色结晶，无臭微酸，易溶于水，每升水可溶 330g，它具有还原性。在酸性溶液中，常温下 1 个分子的抗坏血酸能固定 1 个原子的氧，如果有氧化的机会，它首先自行氧化，因此就起到保护其他可以氧化的物质的作用。利用这个特点，可以用来防治酒中因铁引起的破败病。但是由于抗坏血酸极易氧化，所以它的效果有一定的局限性。不过果酒经添加二氧化硫后，防治效果最为理想。一般用量为 100L 酒中加入 5~10g 维生素 C，先用少量酒溶解后倒入盛酒容器中搅拌，即可使用。

2. 铜造成的破败病

由于果酒中的还原反应引起果酒的病害，主要是铜破败病果酒中的铜在氧化状态（Cu^{2+}）比较稳定。还原状态的铜离子，能将二氧化硫还原成硫化氢。硫化氢再与二价铜离子结合，生成硫化铜，使果酒产生混浊沉淀。预防铜破败病的措施，是尽量降低果酒中的铜含量，勿使果酒与铜接触。铜破败病的防治如下。

① 防止药剂的铜混入酒中，水果在采摘前 2~3 周停止用药。

② 酿造的铜制用具或容器上应镀上一层锡，有条件的采用不锈钢材料。

③ 已患铜破败病的酒，可用硫化钠除去酒中所含的铜。

3. 棕色破败病

果酒暴露于空气中被氧化后，颜色变棕色，甚至变成巧克力色或栗子皮色，有氧化味或煮熟味，常使酒表现为棕黄色沉淀，酒味变淡而无味，并有发苦的感觉。这就是果酒的棕色破败病。果酒的棕色破败病，是由果酒中的多酚氧化酶氧化果酒中的酚类化合物造成的。

预防棕色破败病的措施如下。

① 在水果加工时，做好原料的分选工作，剔除病烂的水果。因为氧化酶主要来源于腐烂的水果。

② 加热破坏氧化酶。

③ 发酵时加二氧化硫有抑制氧化酶的作用，提高果酒中二氧化硫含量，能阻止多酚氧化酶的褐变作用。

④ 加鞣质有抗氧化作用，如果酒中鞣质含量不足，则可通过分析后适当加入。

⑤ 果酒装瓶时，添加维生素 C，消耗果酒中的游离氧，防止果酒的氧化。

⑥ 已经变色的酒，可用酪蛋白澄清法或活性炭脱色处理。酪蛋

白法较好，对酒的风味影响较小。采用特定的离子交换树脂可以脱去过度的颜色。

二、主要微生物引起质量问题及其防治

1. 主要微生物病害的表现

果酒是营养丰富的高档低度饮料，对微生物来说，是容易繁殖的场所。这促使酒体产生病害，破坏酒的正常胶体平衡，受到杂菌侵害，除了不同杂菌造成的不同的现象外，它们也有受害的共同表现。

(1) 大多数外观上失去了透明度，改变了颜色。

(2) 出现非正常果酒的气味，病害越深，这股气味越浓。

(3) 改变了正常的属于果酒特有的滋味。

(4) 在显微镜检查下，出现大量微生物。

(5) 产生了病害的果酒，经分析，其挥发酸有明显升高。

2. 繁殖基本条件的影响

(1) 温度的影响　温度在 15~40℃ 对病菌都是有利的，最有利的温度是 30~40℃，所以发酵温度尽量不超过 30℃，而贮藏温度一般不超过 15℃。

(2) 乙醇的影响　果酒中的酒度越高，病菌发展速度就越慢。

(3) 糖的影响　糖是病菌的粮食，为避免病害，发酵时应将酒中的糖分全部发酵完毕。

3. 主要微生物引起质量问题的预防措施

(1) 微生物病害的预防原则　精选优质鲜果，迅速加工成汁，及时处理出现病害和腐烂的水果。

① 凡是接触果汁的容器和发酵室都应一律严格灭菌处理。

② 生产过程中合理使用二氧化硫用量。

③ 发酵时采用发酵旺盛的人工酵母。

④ 严格控制发酵温度。

⑤ 果酒贮存过程中，严禁不满桶就贮存。

⑥ 从鲜果进厂、破碎、发酵、贮存等每个生产环节，都要严格执行卫生制度，减少为微生物创造可乘之机。

⑦ 一旦发现有病害的酒，必须迅速采取措施，防止传染好酒。

（2）酒花菌病害预防措施　酒花菌是一种好气性酵母菌，在果酒的表面与空气接触，出芽繁殖很快。在不满的贮酒桶、贮酒池表面繁殖，能形成一层灰白色的膜，逐渐加厚，出现皱纹。酒花菌能引起葡萄酒中的乙醇和有机酸分子氧化，把乙醇氧化成二氧化碳和水，中间产物是乙醛。感染酒花病的葡萄酒，酒度降低，酒味变淡，像掺了水一样。由于乙醛的含量升高，使果酒有一种不愉快的氧化味。防止酒花菌的具体措施如下。

① 酒在贮存中，乙醇含量不低于12％（体积分数）。

② 盛酒的容器要清洁卫生，经消毒灭菌。盛装果酒时，容器一定要满，防止果酒长时间与空气接触。

③ 使酒液表面有一层高度乙醇。

④ 低酒度瓶装酒应灭菌后出售。

（3）醋酸菌病害预防措施　做酒和做醋之间没有严格的界限。做酒做不成可做醋。做酒和做醋，都用一样的原料，一样的容器。这种例子在民间很多。醋酸菌是一种比酵母细胞小得多的好气性细菌，它在葡萄酒的表面繁殖，也能形成一种灰色薄膜，逐渐加厚，可沉入酒中，俗称醋母。醋酸菌活动，可以把糖转化成醋酸。在没有糖的情况下，能把乙醇分子氧化成醋酸和乙醛，醋酸和乙醇通过酯化反应形成乙酸乙酯。预防醋酸菌的措施如下。

① 在水果加工的过程中，保持良好的卫生条件。

② 在果酒发酵和贮藏过程，正确使用二氧化硫，最大限度地抑制或杀死醋酸菌。

③ 贮藏果酒一定要满桶，不留空间，不让果酒暴露于空气中。

（4）乳酸菌病害预防措施　发酵时乳酸菌是必不可少的。当苹果酸-乳酸发酵结束以后，就应该通过澄清处理，把乳酸菌统统除去或杀灭。否则残留的乳酸菌，在糖存在和一定的pH值下，就能发酵果酒中的糖及其他成分，引起果酒的各种病害。由厌气性乳酸菌引起葡萄酒的病害，主要有酒石酸发酵病、甘油发酵病。在多酚含量高的果酒中，容易发生苦味病。乳酸菌病害还有甘露醇病和油脂病。乳酸菌是酵母菌在前发酵过程里，把破碎的水果发酵成果酒；是乳酸菌在后发酵过程里，即苹果酸-乳酸发酵过程里，把尖酸的苹果酸变成圆润的乳酸，完成果酒的发酵过程。在前发酵和后发酵过程里，酵母菌和乳酸菌是有益菌。当前发酵和后发酵结束后，必须通过澄清处理和灭菌处理，把果酒中的酵母菌和乳酸菌彻底分离掉，彻底灭掉。否则果酒中继续残存的酵母菌和乳酸菌便成为有害菌，引起果酒的混浊沉淀，引起果酒一系列病害。

（5）预防乳酸菌的措施

① 可直接用蒸汽和二氧化硫处理贮酒容器。

② 发酵液中添加足够量的二氧化硫，并使经二氧化硫培育过的优良酵母进行发酵。

③ 酸度低的果酒，加入酒石酸或柠檬酸，以提高酸量。

④ 发酵完后，彻底清除从水果中自溶的酵母泥。

治疗果酒中乳酸菌病害的方法：每升酒先加入二氧化硫 100mg，加热至 70℃，经灭菌后的酒，接着进行下胶处理，经过滤的酒，可以与好的果酒调配灌装。为了防止果酒的微生物病害，首先在果酒的加工过程，要保证原料和设备、容器的清洁卫生。合理使用二氧化硫，也可使用一定量的山梨酸抑菌灭菌，或采用巴氏灭菌。

（6）酵母菌的病害　在酿造带皮发酵的酒时，要加压板发酵，及时倒池，防止病菌活动的机会。厌气性微生物引起的病害最常见的是酵母菌病害。厌气性酵母菌是果酒发酵的主要菌种。果酒发酵结束后，就应该通过离心或过滤等澄清手段，把果酒中残留的酵母菌统统除去。在葡萄酒中残留的活酵母，就能引起甜酒或干酒中残糖的再发酵，使果酒变混浊沉淀。所以装瓶的果酒一定要进行整瓶检验。只有整瓶酒里一个酵母菌都没有，出厂后才不会引起发酵。

4. 微生物防治方法

各种病害都有一定的治疗措施，一般通用的基本方法有两个：一个是加热灭菌；一个是采用二氧化硫处理。这两种方法是行之有效的。

（1）加热灭菌　温度一般是 55～65℃，酒和酸度高的，可以低于 55℃。

控制灭菌温度的公式：$T=75-1.5Q$

式中　T——果酒最适宜灭菌的温度，℃；

　　　75——果汁的灭菌温度，℃；

　1.5——实验系数；

　　　Q——果酒的酒度（％，体积分数）。

按此公式可求出适宜灭菌温度。例如：酒度 9％～14％，灭菌温度则为 54～61.5℃。

（2）利用二氧化硫灭菌　如果每升果酒中含有二氧化硫 0.1～1.0g 时，二氧化硫先是刺激微生物，接着逐渐使细胞活性缓慢，以至停止活性，最后导致死亡。细菌比酵母菌容易杀死。如果要使病菌停止活动，每升酒只要含二氧化硫 20～30mg 即可。但也有些病菌必须达到 300mg/L，才能完全消失，因此二氧化硫可以消除所有病害。但对果酒危害最大的醋酸菌，采用二氧化硫方法，就只能达到暂时抑制其发展，而不能达到根治的效果。

三、全过程质量控制方法

1. 全过程检验

果酒厂应制定健全的质量检验制度，设有与生产能力相适应的质量检验机构，配备经专业培训考核合格的质量检验人员。检验机构应具备评酒室、检验室、无菌室、化验室及必要的仪器设备。主要检验监控项目与目的列于表 5-1。

表 5-1　果酒酿造过程中主要检验监控项目与目的

工艺过程	检验监控项目	目的与要求
水果采收	总糖、pH 值、滴定酸、果实香气评价、成熟度、农药残留	根据产品要求,确定采收期;根据水果特点与产品要求决定是否需要后熟。农药残留是否超标。建立拒收限值
辅料与加工助剂	产品指标检测	符合 GB 2760—2007、《中国葡萄酿酒技术规范》与《国际葡萄酿酒药典》中的相关规定

工艺过程	检验监控项目	目的与要求
前处理: 果浆(浆发酵) 果汁(汁发酵)	糖度、酸度、pH 值、SO₂	添加 SO₂ 后,使之浓度有效地抑制杂菌生长;根据糖与酸含量分别进行调整
乙醇发酵	pH 值、糖度、感官分析、总酸、挥发酸、总酚、单宁、色素等	监控发酵进程;果浆发酵时确定发酵结束时机
浆发酵:自流酒 压榨酒	pH 值、糖度、感官分析、总酸、挥发酸、总酚、单宁、色素等	确定自流酒与压榨酒的混合比例、等级与流向
后发酵苹果酸-乳酸发酵(MLF)必要时	总糖、pH 值、滴定酸、挥发酸、乙醇、苹果酸、感官分析、SO₂	确定后发酵结束时理化、感官分析结果及 MLF 进程
净化(下胶)、过滤、冷冻	澄清试验、冷稳定性检查、感官分析	确定澄清剂用量,检查酒液健康状况及感官质量
陈酿	理化分析、感官分析、微生物分析	出现问题立即补救
调配、调配、无菌过滤	理化分析、感官分析、微生物分析、稳定性检查(冷稳定、热稳定、氧化稳定与色素稳定)	理化分析、感官分析、微生物分析、稳定性检查(冷稳定、热稳定、氧化稳定与色素稳定)
装瓶	理化分析、感官分析、微生物分析、稳定性检查(冷稳定、热稳定、氧化稳定与色素稳定)	理化分析、感官分析、微生物分析、稳定性检查(冷稳定、热稳定、氧化稳定与色素稳定)

检验机构应按规定的标准检验方法及检验规则进行检验。应按照国内外相关标准、法律、法规的规定实施控制,凡不符合标准的产品一律不准出厂。

2. 酿酒过程中常见的异常现象及其防治

混浊是酿酒过程中常见的异常现象,引起混浊的原因多种多样。

(1)原料带来混浊 砂糖不纯、酒基处理不好、果汁中混有果肉、果渣、酵母泥以及果胶和色素等,是果酒中沉淀的主要来源。

(2)生物性混浊 在酿造过程中污染了醋酸菌、酒花菌、乳酸菌或其他杂菌而引起的腐败性混浊,微生物对果酒组分的新陈代谢作用破坏了酒的胶体平衡,会形成雾混、混浊或沉淀。

(3)非生物性混浊 果酒很容易受到金属的污染,蛋白质沉淀或偶尔由于某些原来成分的氧化而导致各种类型的混浊；也可产生酒石英或酒石酸的洁净状沉淀。

（4）化学性混浊　水质的好坏直接影响着果酒的质量。硬度过高的水，钙、镁离子含量多，易同果酒中的有机酸相结合，生成难溶的钙、镁盐类，使酒液产生混浊。

（5）工艺处理不当而造成的混浊　在工艺操作过程中，由于添加白糖、香料、乙醇、防腐剂和柠檬酸等原料次序不当，也会使酒变质，产生结晶和沉淀。

（6）设备不良引起混浊　由于过滤设备不良或过滤设备处理不当，致使杂质混入，使果酒产生沉淀、混浊。

3. 产品追溯

（1）建立产品追溯程序，能够实现原料来源与最终成品去向之间的追溯。产品可追溯的记录包括原料来源和批次、产品批次、产品的初次分销商（包含联系方式）、关键工序加工情况和加工者等信息，详实的信息能够实现产品撤回和从原料到销售环节的全过程跟踪。

（2）企业应建立产品撤回程序，规定产品撤回的方法和范围。

四、果酒品评

1. 环境要求

（1）品尝室的要求

① 应有适宜的光线，使人感觉舒适；便于清扫，且离噪声源较远，最好是隔音的；无任何气味，并便于通风与排气。

② 光源　品尝室的光源可用自然日光或日光灯，但光线应为均匀的散射光。

③ 温度与湿度　品尝室内，应保持使人舒适的、稳定的温度和湿度，温度和湿度应分别保持在 $20 \sim 22{}^\circ\!C$ 和 $60\% \sim 70\%$。温度太低，香味减少；若温度太高，则乙醇味太浓。

④ 品尝房间　品尝房间应相互隔离，内部设施应便于清洗，便于比较果酒的颜色；应有可饮用的自来水龙头，自来水的龙头最好是脚踏式的，以便于品尝员的双手工作。

⑤ 品酒者品酒时一种是舒服地坐在工作台旁（高 91cm）；另一种是坐在桌旁（高 76cm）。品尝桌应为白色，内设痰盂并备有自来水。

（2）品尝杯的要求　玻璃酒杯应该是短脚、薄壁、透明而无瑕疵。如图 5-1 所示的 215mL 品尝杯效果比较好。洗杯子最好用热水洗，然后用蒸馏水冲洗、控干。勿将杯子倒扣在纸上，因为纸浆的气味对品尝有一定的影响，采用使用过的亚麻布（勿用新的）擦干最合适。

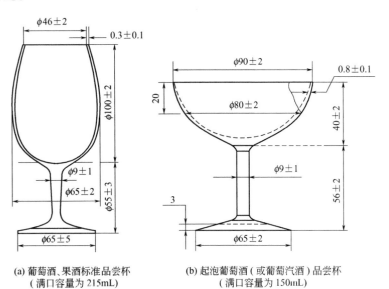

(a) 葡萄酒、果酒标准品尝杯　　　　(b) 起泡葡萄酒 (或葡萄汽酒) 品尝杯
　　（满口容量为 215mL）　　　　　　　（满口容量为 150mL）

图 5-1　品尝杯（单位：mm）

（3）人员要求　必须由取得相应资质（应届国家评酒员）的人员进行品评，一般掌握单数，人员尽可能多，最少不得低于 7 人。

（4）计分方法　每个评酒员按细则要求在给定分数内逐项打分后，累计出总分，再把所有参加打分的评酒员分数累加，取其平均值，即为该酒的感官分数。

2. 品评步骤

在品尝以前，我们需要做很多准备工作，以保证感官分析获得良好的结果。在这些准备工作中，最重要的是品尝的组织者必须根据需要和品尝类型，选择适宜的品尝方法。例如，我们的专业品尝员所参加的品尝，多数是为了确定名次的相互比较品尝。因此，在品尝以前，组织者应将参赛的果酒进行分类，然后按果酒的类别进行比较品尝，以确定出各类型果酒的名次。在一次品尝检查有多种类型样品时，其品尝顺序为：先白后红，先干后甜，先淡后浓，先新后老，先低度后高度。按顺序给样品编号，并在酒杯下部注明同样编号。

(1) 酒杯的清洗　酒杯是品尝员工作的唯一工具。所以，酒杯必须清洁，无任何污物或残酒痕及水痕。酒杯的清洗工作程序如下。

在洗液中浸泡→流水冲洗→在纯棉布上沥干→使用前用干净细丝绸擦净。

(2) 果酒的温度　果酒的最佳品尝温度和最佳饮用温度是不一定完全相同的，出于品尝员是带着挑剔的眼光进行品尝的，所以，并不一定在能减轻果酒缺陷和提高其质量的最佳条件下进行品尝。实际上多数专业品尝都是在酒温为 15～20℃ 的条件下进行的。相反，对于消费者来讲，都希望在最能表现质量和最能掩盖缺陷的温度条件下进行品尝。但是，很难确定这一最佳温度，因为它不仅决定于果酒的种类，而且决定于品尝环境、消费习惯和消费者的口味。

通常情况下，果酒的消费温度不是过高就是过低，如果很难将酒温控制在 15～20℃ 范围内，则情愿比 15～20℃ 低一些。因为温度过低的果酒会在酒杯中自然升温，在室温为 21℃ 时，酒液在 4～10℃ 的范围内，每升高 1℃ 需 3～4min；酒液在 10～15℃ 范围内，每升高 1℃ 需 6～8min。因此，如果芳香型干酒的温度为 6～8℃，则需 12～15min 才会达到其最佳消费温度 10～12℃。当然，我们完全可以用手掌握酒杯来加速这一升温过程。

此外，果酒的最佳消费温度，还受到季节等因素的影响。在冬季，调节去除标贴后的酒的温度，可略高出表 5-2 规定的温度范围，而在夏季则可低于该温度范围。

表 5-2　几种果酒品尝的温度范围

酒的类型	温度/℃	酒的类型	温度/℃
甜果酒	18～20	半干、半甜果酒	16～18
气泡果酒	9～10		

（3）开瓶　优质高档果酒，一般都采用软木塞作瓶塞。在瓶塞外部套有热收缩性胶帽。开瓶时，应用小刀在接近瓶颈顶部的下陷处将胶帽的顶盖划开除去，再用干净细丝棉布擦除瓶口和木塞顶部的脏物，最后用起塞器将木塞拉出。但是，在向木塞中钻进时，应注意不能过深或过浅。过深会将木塞穿透，使木塞的碎屑掉入果酒中，如果过浅，启塞时可能将木塞拉断。启塞后，同样应用棉布从里向外将瓶口部的残屑擦掉。

（4）倒酒　将调温后的酒瓶外部擦干净，小心开启瓶塞（盖），不使任何异物落入，将酒倒入洁净、干燥的品尝杯中。在注酒杯里倒酒时，不能倒得太满，一般酒在杯中的高度为 1/4～1/3，起泡和加气起泡葡萄酒的高度为 1/2。最多不能超过 2/5，即在标准品尝杯中倒 70～80mL。这样，在摇动酒杯时才不至于将果酒洒出，而且可在酒杯的空余部分充满果酒的香气物质，便于分析鉴赏其香气。此外，同一组的不同果酒在酒杯中的量应尽量一致，在给不同品尝员倒酒时，也应使酒量尽量一致，以避免人为的取样误差。对于一些在瓶内陈酿时间较长的果酒，可能会有少量的沉淀物。在这种情况下，开瓶后应将酒瓶直立静置，使沉淀物下沉到瓶的底部；在倒酒时应尽量避免晃动，以免将沉淀物倒入酒杯中。

3. 品评方法

（1）素晶玻杯，大半试样　等待尝评的果酒数量有限，习惯上都是盛放在一个尝评杯内，或者最好盛放在一个大形结晶玻璃杯内，杯身重量愈轻便愈佳，玻璃结晶愈透明愈好。玻璃杯的形状，都为郁金香形或仰置的手摇铜铃状。至于上小下大的通用评酒杯，近年来亦被国际葡萄及葡萄酒局所采用。郁金香花形玻璃杯开口较大的，会增加蒸发面积，方便香气挥发，集中芳香性微粒的气流，导入一定的方向，帮助鼻子感受。当大半杯果酒盛放在玻璃杯时，就算尝评工作的开始。

（2）举杯齐眉，瞻望形相　将盛满大半杯果酒的玻璃杯举起，放到两眼的平视直线上，轻轻地摇荡，使酒在杯中慢慢地打转，然后开始用肉眼观察，视线透过全部酒杯，首先注意外观形象，找出有关果酒颜色、种类、色调深浅、透明度、沉淀物，有时还需要观察酒的起泡性能或泡沫发生状态，所得结果，进行记录。这一步工作称为"观望阶段"。

（3）捧杯摇荡，用鼻嗅尝　将酒杯捧握在两个手掌之中，利用手掌的温度使酒微微增加温度，同时做出回旋运动，使杯中液体能够多量分布在周边杯壁上，以便果香或酒香物质的蒸发。慢慢地将酒杯靠近鼻孔，鼻孔感受了香气的刺激，自行膨胀，放大空间，这样，就能嗅及全部气味。通过嗅觉的分析，就可将酒中的果香、酒香及其他气息，辨别出来，找出不同的酒性。应用这样的方法，可以很快地找出某一酒种是否真实具备优等品质，或者认为只有普通价值，甚而发觉酒已经败坏，或已受到污染。这一步工作称为"嗅尝阶段"。在经慢慢地嗅尝以后，要接着进行尽快的嗅尝动作（就是做出骤吸鼻烟的吸入法）。通过一系列的快速嗅尝，促使芳香物质能够方便地接触鼻腔的"黄色嗅黏膜"或黄点，很好地吸出全数的芳香气息来。静心并专心，耐心并细心，这样按部就班地工作，就可正确地从嗅觉印象上来估计出酒型及酒质。这一观察，可以对被尝酒类的真正价值，立刻提供许多宝贵的说明，突出其原属优点的面貌，揭开其掩盖缺点的面纱，所得各种印象全部分别记录。这一步工作仍属于"嗅尝阶段"。果酒香气的重要品评指标是必须保持原料的品种香气，即果香气味。对酒香的评语常用酒香浓郁、陈酒香、成熟酒香、新酒气味和酒香不足等。

（4）喝酒入口，品味馨香　这一步工作是口尝阶段，说得更确切些，是品尝与嗅尝并行的阶段。等到嗅尝工作一经完毕，就喝入少量果酒试样于口中，利用舌头的活动，迫使液体在口内完成一种咀嚼及翻拌的运动，以便促使供试液体能够密切接触舌上各部分的各种味觉乳头结构中的味蕾,不时由两唇间吸进少量空气,穿越液体层,使其发出"咯咯咯咯"运动,促成鼻部后方嗅觉神经发生交叉反应。如果不做这种吸气动作,鼻部后方嗅觉神经就停留在空白位置上,嗅不出酒在喉头上所发出的香气。以后,由于左右面颊作出连续的膨胀运动和收缩运动,因而使果酒在口内翻转不绝,以便使其尽量接触喉膜、齿根、颊膜以及舌根部分的轮状乳头等,帮助设法全面地辨别味道。最后,将头仰起使酒向后流动,让其进入后口腔,以便分布在口腔后部的味觉神经,也能得到辨别许多酒味的机会,并相应的决定其属于良好的印象或恶劣的印象。味觉的考察一经完毕,大多数的评酒家都在注意礼貌和卫生的原则下吐出口中酒样,或将酒样咽下,研究最后留下的"回味",以补充尝评时可能感到的不足之处。只要不引起酒醉,采取饮服的方法,发挥感觉的整体,可以得到评判口味效果的最大保证。

(5)静心推敲,反复权衡 依照上述程序进行尝评工作,在实际上仍嫌不足,尝评时还应注意精神条件。在全部尝评过程中,身心要求安静,思想要求集中,控制无意的肢体动作,避免任何的感情冲动,强制自己不作声响,保持绝对静寂状态;如果应该讲话,只用低声发言,但仍要注意克服丝毫神经过敏,换句话说,尝评工作应该在身心安静状态下进行,要阻止一切偶发事务,使自己处在一种专心一意、沉思默想的状态。从味觉、嗅觉方面得到的感觉印象是会相互渗透、相互补充、相互支持的。所以在全部的尝评时间内,应该维持着最高限度的注意力。

(6)既找酒体,又别典型 经过反复的评尝研究,经过多次的深思熟虑,我们就会逐渐习惯于尝评工作,就会不怕麻烦地作出明确的判断,找出酒体的性质,分辨酒型的差别。酒体在很大程度上影响着酒的风格,特别是对葡萄酒更为重要。既有美丽的色泽,又有雅致的果香和酒香,并有完满的滋味,饮后余味不绝的,应称为精美醇良;酒液色泽美观,各种成分完全平衡的,应称为酒体完满;酒液外观优美,香气和口味恰到好处的,应视为酒体优雅;酒液浓稠、饱满、柔和的为酒质肥硕。酒液中干浸出物少,使酒轻嫩,但饮时还令人感到愉快的，叫做酒体娇嫩；酒液的颜色浅淡，酒度不高，干浸出物量少，饮时感到轻弱无力的，称酒体轻弱；酒液中缺乏干浸出物，酸分和其他成分也明显不足，应视为酒体瘦弱。另外，没有滋味，没有筋力的和含糖太多，或含胶体物质太多的应分别为"无力的"和"黏滞的"，而酒色深暗、味带浓厚苦涩的则为酒体粗劣。

4. 感官分析与评价

感官分析系指评价员通过用口、眼、鼻等感觉器官检查产品的感官特性，即对果酒、葡萄酒等产品的色泽、香气、滋味及典型性等感官特性进行检查与分析评定。再根据外观、香气、滋味的特点综合分析，评定其类型、风格及典型性的强弱程度，写出结论意见（或评分）。具体如下。

（1）外观分析　在适宜光线（非直射阳光）下，以手持杯底或用手握住玻璃杯柱，举杯齐眉，用眼观察杯中酒的色泽、透明度与澄清程度，有无沉淀及悬浮物；起泡和加气起泡葡萄酒要观察起泡情况，做好详细记录。

① 液面　用食指和拇指捏着酒杯的杯脚，将酒杯置于腰带的高度，低头垂直观察葡萄酒的液面。或者将酒杯置于品尝桌上，站立弯腰垂直观察。果酒的液面呈圆盘状。必须洁净、光亮、完整。如果果酒的液面失光，而且均匀地分布有非常细小的尘状物，则该果酒很有可能已受微生物病害的侵染。如果果酒中的色素物质在酶的作用下氧化，则其液面往往具虹彩状。如果液面具蓝色色调，则葡萄酒很容易患金属破败病。除此之外，有时在液面上还可观察到木塞的残屑等。透过圆盘状的波面，可观察到呈珍珠状的杯体与杯柱的连接处，这表明果酒良好的透明性。如果果酒透明度良好，也可从酒杯的下方向上观察液面。在这一观察过程中，应避免混淆"混浊"和"沉淀"两个不同的概念。混浊往往是由微生物病害、酶破败或金属破败引起的，而且会降低果酒的质量；而沉淀则是果酒构成成分的溶解度变化而引起的，一般不会影响果酒的质量。

② 酒体　观察完液面后，则应将酒杯举至双眼的高度，以观察酒体的颜色、透明度和有无悬浮物及沉淀物。果酒的颜色包括色调和

颜色的深浅。这两项指标有助于我们判断果酒的醇厚度、酒龄和成熟状况等。

③ 酒柱　将酒杯倾斜或摇动酒杯，使果酒均匀分布在酒杯内壁上，静止后就可观察到在酒杯内壁上形成的无色酒柱，这就是挂杯现象。挂杯的形成，首先是由于水和乙醇的表面张力，其次是由于果酒的黏滞性。所以，甘油、乙醇、还原糖等含量越高，酒柱就越多，其下降速度越慢；相反，干物质和乙醇含量都低的果酒，流动性强，其酒柱越少或没有酒柱，而且酒柱下降的速度也快。

(2) 香气分析　先在静止状态下多次用鼻嗅香，然后将酒杯捧握在手掌之中，使酒微微加温，并摇动酒杯，使杯中酒样分布于杯壁上。慢慢地将酒杯置于鼻孔下方，嗅闻其挥发香气，分辨果香、酒香或有否其他异香，写出评语。在分析果酒的香气时，通常需要按下列步骤进行。

① 第一次闻香　在酒杯中倒入 1/3 容积的果酒，在静止状态下分析果酒的香气。在闻香时，应慢慢地吸进酒杯中的空气。其法有两种，或者是将酒杯放在品尝桌上，弯下腰来，将鼻孔置于杯口部闻香，或者将酒杯端起，但不能摇动，稍稍弯腰，将鼻孔接近液面闻香。使用第一种方法，可以迅速地比较并排的不同酒杯中果酒的香气，第一次闻香闻到的气味很淡，因为只闻到了扩散性最强的那一部分香气，因此，第一次闻香的结果不能作为评价果酒香气的主要依据。

② 第二次闻香　在第一次闻香后，摇动酒杯，使果酒呈圆周运动，促使挥发性弱的物质释放，进行第二次闻香。二次闻香包括两个阶段。

第一阶段是在液面静止的"圆盘"被破坏后立即闻香，这一摇动可以提高果酒与空气的接触面，从而促进香味物质的释放。

第二阶段是摇动结束后闻香，果酒的圆周运动使果酒杯内壁湿润，并使其上部充满了挥发性物质，使其香气最浓郁，最为优雅。闻香可以重复进行，每次闻香的结果一致。

③ 第三次闻香　如果说第二次闻香所闻到的是使人舒适的香气

的话，第三次闻香则主要用于鉴别香气中的缺陷。这次闻香前，先使劲摇动酒杯，使果酒剧烈转动。最极端的类型是用左手手掌盖住酒杯杯口，上下猛烈摇动后进行闻香。这样可加强葡萄酒中使人不愉快的气味，如乙酸乙酯、霉味、苯乙烯、硫化氢等气味的释放。在完成上述步骤后，应记录所感觉到的气味的种类、持续性和浓度，并努力去区分、鉴别所闻到的气味。在记录、描述果酒香气的种类时，应注意区分不同类型的香气，一类香气、二类香气和三类香气。

（3）口感分析　为了正确客观地分析果酒的口味，需要有正确的品尝方法。喝入少量样品于口中，尽量均匀分布于味觉区，仔细品尝，有了明确印象后咽下，再体会口感后味，记录口感特征。

首先，将酒杯举起，杯口放在嘴唇之间，并压住下唇，头部稍往后仰，就像平时喝酒一样，但应避免像喝酒那样酒依靠重力的作用流入口中，而应轻轻地向口中吸气，并控制吸入的酒量，使果酒均匀地分布在平展的舌头表面，然后将果酒控制在口腔前部。每次吸入的酒量不能过多，也不能过少，应在 6～10mL。酒量过多，不仅所需加热时间长，而且很难在口内保持住，迫使我们在品尝过程中摄入过量的果酒，特别是当一次品尝酒样较多时。相反，如果吸入的酒量过少，则不能湿润口腔和舌头的整个表面，而且出于唾液的稀释而不能代表果酒本身的口味。除此之外，每次吸入的酒量应一致，否则，在品尝不同酒样时就没有可比性。

当果酒进入口腔后，闭上双唇，头微向前倾，利用舌头和面部肌肉的运动搅动果酒，也可将口微张，轻轻地向内吸气。这样不仅可防止果酒从口中流出，还可使果酒蒸气进入鼻腔后部。在口味分析结束时，最好咽下少量果酒，将其余部分吐出。然后，用舌头舔牙齿和口腔内表面，以鉴别尾味。

根据品尝目的的不同，果酒在口内保留的时间可为 2～5s，亦可延长到 12～15s。在第一种情况下，不可能品尝到果酒的单宁味道。如果要全面、深入分析果酒的口味，应将果酒在口中保留 12～15s。

在结束第一个酒样后，应停留一段时间，以鉴别它的余味。只有当这个酒样引起的所有感觉消失后，才能品尝下一个酒样。

第二节　黄酒的质量控制及品评

一、黄酒醪的酸败和防止

黄酒发酵是敞口式、多菌种发酵，发酵醪液中必定会混进某些有害微生物，如乳酸杆菌、醋酸杆菌及野生酵母菌等，它们对黄酒发酵的侵袭危害较大，必须引起足够的重视。黄酒发酵醪的酸败主要是有害微生物的代谢活动引起的，它大量消耗醪液中的有用物质（主要是可发酵性糖类），代谢产生挥发性的或非挥发性的有机酸，使酒醪的酸度上升速度加快。同时，它又抑制了酵母的正常酒精发酵，使醪液内的酒精含量上升缓慢，甚至几乎停顿。

黄酒发酵醪的酸败，不但降低了出酒率，而且损害了成品酒的风味，使酒质变差，甚至无法饮用，还常常给生产加工造成困难，有时污染严重，破坏掉整个正常的生产程序，只能停产治理。所以，预防和处理黄酒发酵醪酸败显得极其重要，应该以防为主，采取措施，避免酸败现象的发生。

1. 发酵醪酸败的表现

黄酒发酵醪酸败时，一般会发现以下某些现象。

（1）在主发酵阶段，酒醪品温很难上升或停止。

（2）酸度上升速度加快，而酒精含量增加减慢，酒醪的酒精含量达 14％时，酒精发酵几乎处于停止。

（3）糖度下降减慢或停止。

（4）酒醅发黏或醪液表面的泡沫发亮，出现酸味甚至酸臭。

（5）镜检酵母细胞浓度降低而杆菌数增加。酒醪酸败时，醋酸和乳酸的酸含量上升较快，醪液总酸超过 0.45g/100mL，称为轻度超酸，这时口尝酸度偏高，但酒精含量可能还正常；如果醪液总酸度超过 0.7g/100mL，酒液香味变坏，酸的刺激明显，称为中度超酸；如果酒醪酸度超过 1g/100mL 时，酸臭味严重，发酵停止，称为严重超酸。

2. 发酵醪酸败的原因

黄酒醪酸败的原因是多方面的，主要原因有以下几种。

(1) 原料种类　籼米、玉米等富含脂肪、蛋白质的原料，在发酵时由于脂肪、蛋白质的代谢会升温生酸，尤其侵入杂菌后，生酸现象更会明显，加上这类原料由于直链淀粉较多，常易使 α-化的淀粉发生 β-化，而不易糖化发酵，结果给细菌利用产酸。所以，用籼米、玉米原料酿酒，发酵醪超酸和酸败的可能性较大。

(2) 浸渍度和蒸煮冷却　大米浸渍吸足水分，蒸煮糊化透彻，糖化发酵都容易，反之，就容易发生酸败，尤其在大罐发酵时，更为明显。浸渍 72h 的原料，发酵时发生自动翻腾，醪液的品温在 33～34℃，可以避免高温引起的酸败；但在同样条件下，浸泡 24～48h 的大米，开始自动翻腾时的醪液品温在 36℃ 以上，从米饭落罐到自动开耙的时间间隔，后者要比前者长，致使醪液处于高温下过久，酸败的可能性就大。对含直链粉淀比例高的原料，要蒸透、淋冷，防止淀粉 β-化，而不易糖化，让细菌利用产酸。米饭蒸煮不透，杂菌利用生淀粉代谢，一般前发酵尚正常，旺盛，约 10 天后，酵母逐步衰老，发酵缓慢，促使某些细菌迅速繁殖，酸度上升，甚至出现酸败现象。

(3) 糖化曲质量和使用量　黄酒生产所用的曲都是在带菌条件下制备的，曲块中本身含有杂菌，尤其是使用纯种通风麦曲时，空气中带入的杂菌更多，又不像自然培养的踏曲经过一段高温大火期，使杂菌淘汰死亡。所以，黄酒新工艺发酵时，麦曲的杂菌常会变成酒醪酸败的重要来源。使用糖化剂过量，酒醅的液化、糖化速度过快，使糖化发酵失去平衡或酵母渗透压升高，促使酵母过早衰老变异，抑制杂菌能力减退，酸度出现上升的机会就增多。

(4) 酒母质量　酒母的质量一方面与它本身酵母的特性有关，产酸力强，抗杂菌力差的酒母易发生升酸超酸现象；另一方面酒母液中的杂菌数和芽生率也有影响，一旦酒母杂菌超标，就容易使酒醪酸败；芽生率低说明酵母衰老，繁殖发酵能力差，耗糖产酒慢，容易给产酸菌等利用，造成升酸，当酸度超过 0.4～0.45g/100mL 时，酒精含量上升很慢或停止，而酸度可急剧升高。

（5）前发酵温度控制太高　由于落罐温度太高或开耙时间拖延太久，使醪液品温长时间处于高温下（大于35℃），酵母菌受热早衰，而醪液中糖化作用加剧，糖分积累过多，生酸菌一旦利用此环境，很易酸败，使酒醅呈甜酸味，酵母体形变小，死酵母增多而杂菌和异形酵母增加。

（6）后发酵时缺氧散热困难　在大罐发酵中，由于厌氧条件好而使黄酒出酒率提高，但另一方面，在大罐后发酵时，由于厌氧而造成酵母存活率降低50%以上。传统的酒坛后发酵由于透气性好，发酵几十天后活酵母数仍有4亿~6亿个/mL，而大罐后发酵由于缺氧，酵母数太少而厌氧细菌可大量生长，使它们之间失去平衡和制约，而发生酸败。要求发酵后期醪液酵母密度应大于10×10^6个/mL。另外，大罐后发酵醪液的流动性差，中心热量难以传出，会出现局部高温，这也是大罐后发酵易酸败的原因之一。

（7）卫生差、消毒灭菌不好　黄酒生产虽较开放，但环境卫生差，往往会造成杂菌的侵袭，出现污染和感染，尤其是发酵设备，管道阀门出现死角，造成灭菌不透，醪液黏结停留，成为杂菌污染源，发生发酵醪的酸败，这种情况较为普遍。

二、醪液酸败的预防和处理

醪液酸败原因是多方面的，但一般根据实践经验推测，在前发酵、主发酵时发生酸败原因多为曲和酒母造成的，在后发酵过程发生酸败，大多是由于蒸煮糊化不透，酵母严重缺氧死亡或醪液的局部高温所致，当然环境卫生，消毒灭菌应该随时注意。要解决酒醪的酸败，必须从多方面加以预防，一般可采取以下措施。

（1）保持环境卫生、严格消毒灭菌　黄酒生产虽是敞口式发酵，但由于在工艺操作上采取了措施，自然淘汰、抑制了有害微生物，使发酵时免遭杂菌污染的影响。尤其是采用新工艺发酵生产，更要注意做好清洁卫生、消毒灭菌工作，在前发酵过程中，由于酵母处于迟缓期，酵母浓度较低，而糖化作用已开始进行，造成糖分积累，一旦污染杂菌，易于利用糖分转化为酸类，并进而抑制酵母的生长繁殖，发生酸败，同样在后发酵期，因酵母活性减弱，抵抗杂菌能力下降，如果不注意容器或管道的清洗灭菌工作，也会发生酸败现象。一般要求每天打扫环境，容器、管道每批使用前要清洗并灭菌，以尽量消除杂菌的侵袭。

（2）控制曲、酒母质量　糖化发酵剂常带有杂菌。尤其是纯种麦曲，在培养时常会污染其他有害微生物，所以，一方面要严格工艺操作，另一方面要对制曲的曲箱、风道等加强清洗和消毒，严格把住曲的质量，不合格的曲不用来发酵。酒母中的杂菌比曲的杂菌危害更大，多数是乳酸杆菌，它的生存条件相似于酵母而繁殖速度又远比酵母快，因而对酒母醪中的杂菌数控制更要严格，使酒醪不受产酸菌影响。

（3）重视浸米、蒸饭质量　浸米时要保证米粒吸足水分，蒸饭时才能充分使淀粉糊化。如果生熟淀粉同时发酵，往往会发生酵母难于发酵利用的生淀粉转让给细菌作为营养，加以利用并产酸，所以，浸米吸水不足（尤其在寒冬季节）常会发生酸败。由于籼米原料的结构紧密，不易在常温下被水浸透，在浸渍阶段，其自然吸水率反而比糯米低 1/3，而浸渍损耗大，所以，籼米蒸煮时要多补充热水，促使淀粉糊化，避免发酵时生酸。

（4）控制发酵温度，协调好糖化发酵的速度　黄酒发酵是边糖化边发酵，糖化速度和发酵速度之间建立好平衡关系后，发酵才能正常进行，这主要依靠落缸（罐）工艺条件及及时开耙加以调整。如果糖化快发酵慢，糖分过于积累，常易引起酸败，反之，糖化慢，发酵快，易使酵母过早衰老，发酵后期也易升酸。常采用控制发酵温度来协调两者的酶活力。尽量在 30℃左右进行主发酵，避免出现 36℃以上的高温，在后发酵时，必须控制品温在 15℃以下，以保证发酵正常进行。

（5）控制酵母浓度　黄酒醪发酵必须有足够的酵母细胞数。如遇到酵母生长繁殖过慢或发酵不力，可添加淋饭酒醅或旺盛发酵的主发酵醪，以促进发酵，也可增加酒母用量，以弥补发酵力和酵母数的不足，保证酵母菌在发酵醪中占有绝对优势，抑制杂菌的孳生。为了增强酵母的活力，可以适量提供无菌空气，加速酵母在发酵前期的增殖和后期的存活率。传统发酵是在缸、坛中进行的，容器的透气性良好，散热也较容易，而大罐发酵缺乏这些条件。在前酵落罐后 16h 或品温已达 36℃，醪液还不见自动翻腾，必须通入无菌空气，帮助醪液翻腾，以给酵母增添溶解氧，促使它发酵。使用大罐后的发酵，如果发酵醪中保持一定浓度的溶解氧，每小时能提供每克酵母 0.1mg 溶解氧，则酵母在几周后仍能保持活力。在后发酵期间，应该设法使醪液中的酵母浓度大于 10×10^6 个/mL，才能保证后发酵的顺利进行。当然也应该考虑使主发酵期适当延长一些，避免在后发酵期品温上升过高，鉴于后发酵过程中热量的散发和酵母的存活率等问题，在前发酵翻动静止后，每 8h 还须进行 1 次通气开耙，再使醪液短时间翻动一下，排除二氧化碳并散热，进一步使酒醪稀薄，补充进入后发酵时醪液所需的溶解氧，并在后发酵初期，每隔 1 天通无菌空气 1 次，使品温逐日下降，以后可每隔 1 周通气翻动 1 次，解除酵母严重缺氧和酒醪局部过热的现象，可有效地预防醪液的升酸。

（6）添加偏重亚硫酸钾　每吨酒醪可加入 100g 偏重亚硫酸钾，对乳酸杆菌有一定的杀灭效果，而不影响酒的质量。

（7）酸败酒醪的处理　在主发酵过程中，如发现升酸现象，可以及时将主发酵醪液分装在较小的容器中，以降温发酵，防止升酸加快，并尽早压滤灭菌。成熟发酵醪如有轻度超酸，可以与酸度偏低的醪液相混，以便降低酸度，然后及时压滤；中度超酸者，可在压滤澄清时，添加 Na_2CO_3、K_2CO_3、$CaCO_3$ 或 $Ca(OH)_2$ 清液，中和酸度，并尽快煎酒灭菌；对于重度超酸者，可加清水冲稀醪液，并采用蒸馏方法回收酒精成分。

对于酒醪酸败的问题，应强调以防为主，严格工艺操作，做好菌种纯化工作，保持环境卫生，防止异常发酵，清除酸败现象。

三、黄酒的褐变和防止

黄酒的色泽随贮存时间延长而加深，尤其是半甜型、甜型黄酒由于所含糖类物质丰富，往往形成类黑精物质增多，贮存期过长，酒色很深，并带有焦糖臭味，质量变差。这是黄酒的一种病害。可以采取以下措施，防止或减慢黄酒的褐变现象。

（1）减少麦曲用量或不使用麦曲，以降低酒内氨基类物质的含量。减低羰基-氨基反应的速度和类黑精成分的形成。

（2）甜型、半甜型黄酒的生产分成两个阶段，先生产干型黄酒并进行贮存，然后在出厂前加入糖分，调至标准糖度和酒精含量。消除形成较多类黑精的可能性。

（3）适当增加酒的酸度，减少铁、锰、铜等元素的含量。

（4）缩短贮存时间，降低贮酒温度。

四、黄酒的混浊及防止

黄酒是一种胶体溶液，它受到光照、振荡、冷热的作用及生物性侵袭，会出现不稳定现象而混浊。

1. 生物性混浊

黄酒营养丰富，酒精含量低，如果污染了微生物或煎酒杀菌不彻底，有可能出现再发酵，生酸腐败，混浊变质。这属于生物性不稳定现象，应该加强黄酒的灭菌，注意贮酒容器的清洗、消毒和密封，勿使微生物有复活、侵入的机会，同时应在避光、通风干燥、卫生的环境下贮存。

2. 非生物性混浊

黄酒的胶体稳定性主要取决于蛋白质的存在状态。通过发酵、压滤、澄清和煎酒，大分子的蛋白质绝大多数被除去，存在于酒液中的主要是中分子和低分子的含氮化合物。当温度降低或 pH 数值发生变化时，蛋白质胶体稳定性被破坏，形成雾状混浊，并产生失光，影响酒的外观。当温度升高时，混浊消失，恢复透明。除了蛋白质混浊外，若添加的糖色不纯，也会在黄酒灭菌后出现黑色块状的沉淀。另外，因黄酒酸度偏高而加石灰水中和，一旦环境条件变化，也会出现混浊和失光现象。

黄酒灭菌贮存后产生少量的沉淀是不可避免的。为了消除沉淀，可以在压滤澄清时，添加少量的蛋白酶（菠萝蛋白酶、木瓜蛋白酶或酸性蛋白酶），把酒液中残存的中、高分子蛋白质加以分解，变成水溶性的低分子含氮化合物。或者添加单宁（鞣酸），使之与蛋白质结合而凝固析出，经过滤除去。当然在煎酒时提高温度（≥93℃），也能使蛋白质及其他胶体物质尽量变性凝固，在贮存过程中使之彻底沉淀，但这些方法都是有利有弊的，将来逐步可应用超滤的方法、固相蛋白酶的方法加以处理。

五、黄酒的品评

黄酒的品评又称为感官品评，既是一门科学，也是一门艺术。按照品评目的不同，分为两个层次，一是作为质量鉴评用的专业评酒，目的性较为明确；二是普通消费者的日常饮用，属于个人行为。世界上任何一种酒都少不了感官品评，感官品评在目前还是一种非常重要而有用的方法，没有任何一种仪器能彻底替代。虽然酒的品尝较难掌握，但也不是望尘莫及的，只要具备正常的味觉和良好的兴趣，并善于总结和练习，就可能成为一名好的评酒师。

作为一种纯粮酿制的发酵酒，黄酒和啤酒、葡萄酒一样，除了有着一般饮料酒的共性之外，还有其独特的个性，如酒中固形物含量高（30g/L以上）、成分复杂、营养特别丰富，而其独特的复合香以及集甜、酸、苦、辣、鲜、涩六味于一体的综合味觉体验更使它具有独特的魅力。

为正确鉴别黄酒的质量高低，在依靠现代分析手段对主要理化指标和卫生指标进行检测的同时，作为普通消费者，对黄酒的酿造工艺和专业的品评知识作一些了解也是必要的。

一口好酒不但要用舌头仔细辨味，更需借助鼻子仔细嗅闻，而且有很大一部分感觉在嗅闻阶段已基本明确，如对酒陈酿年份的把握，香气是否幽雅、协调、芬芳、柔和等，通过嗅香基本能够加以确定。对于正宗的黄酒来说，香是味的表征和反映。

正因为如此，我们在品酒时要特别注意保护嗅觉器官，以免产生嗅觉疲劳。

嗅香时用手握住酒杯，慢慢地将酒杯置于鼻子下方，轻轻转动酒杯，仔细嗅闻散发的香气，要先呼气、再吸气，不能对着杯口呼气。嗅香一般嗅 3 次即可，并及时做好记录，2 次嗅香中间稍作停顿。嗅香时要遵循从淡到浓，再从浓到淡的顺序反复嗅闻，并在闻香过程中解决品尝的大半问题，如确定所品尝的酒是以发酵酒的醇香为主还是贮存酯香为主，抑或曲香为主，还要正确判定酒中主要香味成分及类别，香气的浓淡程度，放香强弱，并确定该酒的陈酿年份，质量等级，有经验的评酒师通过闻香即能基本确定酒质的好坏。

此外，在 2 次尝酒中间，要用纯净水漱口，否则口腔将处于麻醉状态失去敏感性。将口腔冲洗后，感觉的敏感度也会发生变化，与前 1 次的印象比较可能有困难，因此要注意休息，保持味觉敏感性。品酒期间还要注意个人饮食，更不能化妆。职业品酒时，对品尝者的饮食要有一定限制，不能食用辛辣食物，不准吸烟，不能喝酒等，更不能在品尝的同时食用其他一些食品。

1. 感官品评

感官品评的方法如下所述。

(1) 评酒规则

① 酒类分类型、类别评比。

② 酒样密码编号。

③ 百分制评分。

④ 一杯品评法、二杯品评法、三杯品评法、顺位品评法。

⑤ 淘汰制评选。

⑥ 正式评酒前先对标样进行试评，以求打分接近、评语接近。

⑦ 评酒室要求安静、清洁。

⑧ 评酒台照明良好、无直射光、台面上衬白布。

⑨ 评酒杯普遍采用高脚卵形玻璃杯。

⑩ 包装装潢不作为评比内容。

⑪ 各酒类评比的要求：对于黄酒，要同温、同量、同杯型。不统一调酒度，只对低度酒说明。品评后可在相同条件下加温再评。

(2) 评酒员注意事项

① 各自独立品评，不得互议、讨论、互看评比内容。

② 评酒中不得吸烟，不得带入芳香的食品、化妆品、衣着、用具。

③ 评酒中不得大声喧哗、大声漱口，轻拿轻放杯子。

④ 评酒中除工作人员简介外，不得询问任何评酒详情。

⑤ 评酒期间不得食用刺激性强及影响评酒效果的食品。

⑥ 评酒期间不得进入样酒工作室及询问评比结果。

⑦ 评酒期间应休息好，个人不得外出，一般不接待来访人员。

⑧ 评酒期间只能评酒，不能饮酒。

(3) 评酒室和评酒工具　酒类品评对评酒环境和容器技术条件也有严格要求。

① 评酒室

防音：防止噪声。

恒温：一般要求为 15～22℃，相对湿度 50%～60%。

换气：换气但应无风。

照明：500 lx 照度为好。

色调：简单明亮。

② 评酒杯　黄酒品评一般采用郁金香形、无色透明玻璃杯，厚薄、加工、质量一致，要精心选择。满口容量为 60mL 左右。

(4) 评酒组织工作

① 顺序

色泽：先浅后深。

香气：先淡后浓。

酒度：先低后高。

糖分：先干后甜。

② 酒样温度　黄酒酒样的品评温度一般在 20～25℃（黄酒最好喝的温度是在 38℃ 左右，但如此高的温度组织集体评酒较难保持，也不切合实际），同一次评酒温度应一致。

③ 评酒时间　评酒最佳时间为上午 9～11 时，下午 3～5 时。

2. 黄酒质量鉴别

作为消费者，有没有比较简便的办法快速识别黄酒的质量呢？中医治病通过"望、闻、问、切"四个步骤，对黄酒我们不妨从以下几个方面着手。

（1）对光观色　举瓶对光，仔细观察，优质黄酒应色泽橙黄，清澈透明，若发现酒质混浊不清、内含杂质则属于劣质产品。黄酒国家标准规定，允许瓶底有微量的沉淀物，主要是因为黄酒中含有大量的小分子蛋白质，在贮存过程中可能会凝聚而沉淀下来。

（2）启瓶闻香　开启酒瓶，将酒缓缓倒入酒杯之中，深嗅闻香，普通优质黄酒具有黄酒特有的香气，醇香浓郁，陈年黄酒的香气则幽雅芬芳，劣质黄酒则不会有这种香味。如闻到酒精味、醋酸气或其他异杂气味，则肯定是伪劣产品。

（3）测试手感　将少量酒倒于手心，用力搓动双手，优质黄酒酒中固形物含量较高，手感滑腻，阴干后极为黏手，用水冲洗后手留余香。如果手感如水，则质量较差。

（4）品尝风味　优质正宗的黄酒口感醇厚、柔和、甘润、爽口、鲜美，具有黄酒的独特风格，无其他异杂味；如果口感淡薄，酒精味较强，刺激味重，不清爽，或有香精味、水味、严重的苦涩味等其他杂味，则很可能是伪劣产品。

（5）对比价格　正宗的黄酒以糯米为原料酿造而成，生产周期长，加上必须有 1 年以上的贮存时间，因此价格相对较高，若价格很低，则需要仔细鉴别。

3. 工作人员应具备的条件

（1）思想素质

① 要有大公无私、实事求是、认真负责的精神，不能以个人爱好进行评酒，应切实代表广大消费者的需要。

② 要敢于坚持原则，坚持质量第一，从严要求，不受外界任何因素的影响。

（2）技术素质

① 评酒员应具备一定的文化程度，必须掌握所评尝酒种的生产工艺。

② 评酒员必须熟悉所评酒类的质量标准，包括国标、行标、企

标，掌握所品评产品的类型、特点和风格。

③ 要了解各地消费者的习惯和爱好，做到切实代表广大消费者的需要。

④ 要虚心学习，练好尝评基本功，使自己既有熟练的尝评技巧，又有一定的表达能力，他的论述应对所尝评的酒类有严密的准确性和较高的再现性。

（3）身体素质

① 必须有正常灵敏的视觉、嗅觉、味觉器官，非色盲、嗅盲、味盲。

② 必须有较强的记忆能力。

③ 要注意保护感觉器官的灵敏性。

第六章

常用酿酒设备

第一节　发　酵　设　备

近年来随着酒生产技术的进步，为了便于控制果酒和黄酒的发酵条件，节省人工，减轻工人劳动强度，提高酒的质量，目前多采用不锈钢发酵罐与旋转罐。

一、立式发酵罐发酵

传统立式发酵罐是国内葡萄酒厂使用最为广泛的红葡萄酒发酵容器之一，传统立式发酵罐较常见（图 6-1）。优点是造价低，占地面积小，自动或手动控温发酵。成品酒果香突出，口感柔和。可作贮酒罐。缺点是间歇式循环、喷淋浸渍，有益物质不能完全浸出，影响酒体的丰满程度和色度，排渣费工时。

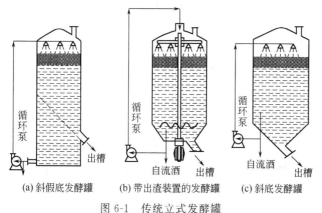

图 6-1　传统立式发酵罐

大多数传统立式发酵罐都配有冷却带，使用非常方便。发酵罐装料量为80％。降温时，有冷却带的开启冷却阀门，无冷却带的可在罐顶外部喷淋自来水。其他操作同发酵池发酵的方法。

二、旋转罐法

旋转罐优点是自动化程度高，浸提速度快，密闭发酵。成品酒成熟快，果香突出，涩味低。缺点是卧式，而且造价高，占地面积大，耗动力多，罐只能作浸渍发酵用，酿造的红葡萄酒不宜久贮。

利用传统法发酵红葡萄酒时皮渣均浮在发酵液上部。为了有效地浸提皮渣中有效成分，必须保证皮渣与发酵液不断地接触，因此需要泵循环醪液喷淋酒帽或用其他方式将酒帽压进醪中。这些方法浸提效率低，不均匀，而且接触空气，易发生污染。旋转罐为一种卧式红葡萄酒发酵罐。该设备可以按人们的要求浸提皮中有效成分，多酚、色素、香气成分扩散快速而均匀，有利于提高红葡萄酒的质量。目前该设备国内外均有生产。旋转罐的罐内沿全长焊有单头螺旋，接近罐前部为双头螺旋，以便于排渣。当罐体正反旋转时，螺旋对皮渣起输送和翻拌作用。罐体下半部装有过滤筛网，使自流酒与皮渣分离经出酒口流出，皮渣在螺旋作用下经出渣口排出。

（1）旋转罐发酵的优缺点　优点是设备密封性好，发酵顺利进行后，可在与外界空气隔绝的状况下继续发酵；发酵迅速，糖分分解充分，避免细菌侵入；可实现自动搅拌及出渣。缺点是罐体与物料同时旋转，动力消耗大，传动平稳性差，搅拌对物料的机械作用较强；冷却管设于罐内，清洗困难，存在因冷却液的渗漏而影响酒的质量的可能性。

（2）操作过程　经除梗破碎的浆果由进料口进罐，同时按工艺要求加入 SO_2。当装至罐容积80％左右时停止进料，进行发酵。发酵顺利启动后，盖上进料口盖，继续发酵。罐的旋转次数与时间可根据品种与酒的类型来设定。使浮于表面的皮渣浸泡在果汁中以加强浸渍作用。应及时供冷，控制发酵温度。发酵结束后，可先打开进料口盖及出汁阀门，待酒汁排尽后再打开排渣口盖，旋转罐体，皮渣在螺旋板的推动下排出罐外。发酵结束后，应将罐内外清洗干净并且消毒，准备下一次使用。

（3）设备结构　旋转罐体示意图见图 6-2，为前端呈锥形的卧圆筒，不锈钢制罐体两端旋转轴由对开式滑动轴承坐落于支架上，两端为平封口加筋板结构。罐体两端各设一块筛板，使皮渣分开。葡萄汁由筛板右侧的球阀排出。排汁后罐体旋转，罐内壁上的两条螺旋导板将渣排出。罐旋转 5～6 次就可将渣全部排完。排渣口兼出、进料口与入孔，维修方便。罐内设有冷却蛇管，罐体上有温度计，控温发酵。罐体上还装有压力表、安全阀，密闭发酵，压力高时可自动排压。

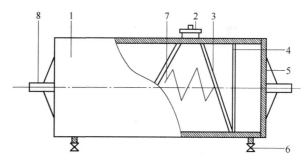

图 6-2　旋转罐体示意图

1—罐体；2—入孔、进料口、出渣口；3—螺
旋板；4—滤网；5—封头；6—出汁阀；
7—冷却蛇管；8—罐体短轴

（4）旋转罐发酵工艺　旋转罐发酵在隔氧条件下有效浸提水果中的色素物质，一般 36～48h 即可达到理想浸提效果，而传统法则需要5～6 天，甚至更长时间。浸出的色素以红色为主，在 520nm 的吸收值比传统法提高 40%～120%，色度提高 47%。

黄酮、单宁浸出少，避免了果酒褐变。酒颜色鲜艳，有光泽，颜色稳定。酒中的含氮物、固定酸、高级醇等非糖浸出物质含量高，口感醇厚。果皮中的香气物质得到了充分浸提，有效地提高了果酒的果香味。感官品尝果香清新，品种香突出，口味爽净柔和。同时由于隔氧发酵，挥发酸含量低，风味细腻。

旋转罐法的工艺条件有利于乙醇、有益风味物质的生成与果皮中有益物质的浸出，酒中不良物质少。经冷冻、澄清处理，贮存 8 个月后的果酒即可投放市场，比传统法可缩短 18 个月。但用此种方法发酵的果酒有效浸提时间短，单宁物质浸出少，所以耐贮性较低。

三、嘉尼米德罐发酵

嘉尼米德罐（Ganimede）是意大利酿酒学家弗兰西斯克 1997 年发明的。该罐通过设计了一个漏斗式隔膜和旁通阀，利用葡萄汁发酵时产生的 CO_2 气体对酒帽进行均匀柔和地搅动、浸提与滴干，极大地提高了对香气、色泽及多酚类物质的浸提效果。该罐可用于发酵红葡萄酒、白葡萄酒、桃红葡萄酒，还可以作为贮酒罐使用。优点是造价中等，占地面积小，自动化程度高，自动出渣、气体搅拌，浸提充分。缺点是对自控元件要求高。

（1）设备结构 嘉尼米德罐的基本结构如图 6-3 所示，自动化程

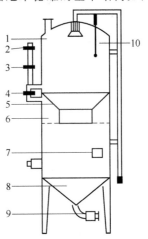

图 6-3 嘉尼米德罐的基本结构

1—顶部进口；2—洗涤阀；3—通气阀；4—旁通阀；

5—漏斗形隔膜；6—空气富集区；7—下部观察窗；

8—葡萄籽收集区；9—底部排除阀；10—液位计

度高，自动出渣、气体搅拌，发酵液可升温、降温，并可以根据需要排出葡萄籽，减少劣质单宁的浸出。

（2）操作要点

① 进料　罐清洗灭菌后，关闭旁通阀。先将需要量的酵母接进罐中，再将加过 SO_2 的葡萄浆泵入罐内。从顶部、底部或倒酒阀进料均可。随着液位上升，横隔膜下面空间中的空气无法溢出，形成了一个贮气空间。皮渣则汇集于液面并形成酒帽。嘉尼米德罐操作示意图如图 6-4 所示。

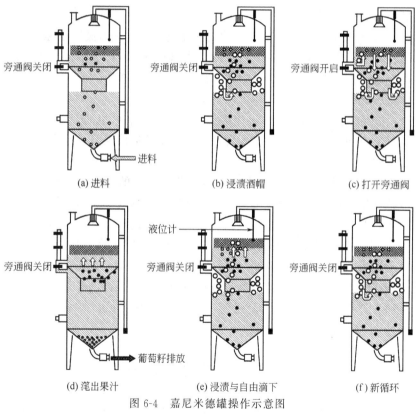

图 6-4　嘉尼米德罐操作示意图

② 浸渍酒帽　横隔膜下方的贮气空间很快被由乙醇发酵而产生的 CO_2 气体所饱和。过剩的气体以大气泡的形式在压力作用下由横

隔膜中间的颈部溢出，上升至酒帽表面，不断地对皮渣层进行搅动，使得所有的葡萄皮保持湿润并均匀地浸渍在汁中。在气体的搅动作用下，大部分葡萄籽沉于发酵罐底部。若葡萄汁的液位突然上升，灌顶部的液位仪将启动，旁通阀被打开，横隔膜下气体由旁通阀上升、发酵液液面下落。防止发酵液溢出罐顶。

③ 打开旁通阀　旁通阀被打开后，横隔膜下贮存的大量气体经旁通阀进入罐横隔膜的上部，强烈搅动酒帽并使其浸在发酵液中。此时液位下降超过 1m，隔膜下面充满了发酵液。该过程作用力温和，酒帽彻底被打碎。

④ 榨出果汁　随横隔膜下的气体排出，发酵罐内液位迅速下降，果汁淹没了横隔膜下方的贮气空间。浸满发酵液的皮渣落在了横隔膜的上表面上，发酵液在无外力的作用下从皮渣中榨出，流入下方的果汁中。此时可打开罐底的排出阀清除大量的籽粒。

⑤ 浸渍与自由滴下　关闭旁通阀，乙醇发酵产生的 CO_2 再次充满膜下空间，酒帽液位再次上升使得皮渣中的液体及其有益物质进一步被浸出。

⑥ 新循环　当 CO_2 气体开始填充横隔膜下的贮气空间时，罐中液位开始通过横隔膜的颈部上升，当横隔膜下的气室充满气体时，可再次打开旁通阀。整个过程以预先设定好的时间重复进行。例如设定进料 6h 后第 1 次放气翻腾，以后每 4h 自动翻腾 1 次，高峰时每 2h 自动翻腾 1 次。当发酵液相对密度降至 10 以下时，乙醇发酵结束。根据工艺要求或延长浸渍时间，或进行渣汁分离。在没有乙醇发酵发生时，整个过程也可以重复进行，只需在横隔膜下方从外部接无菌 CO_2 气体、空气或氮气即可。

第二节　过滤设备

酒生产企业经常需要将悬浮液中的两相进行分离。悬浮液是由液体（连续相）和悬浮于其中的固体颗粒（分散相）组成的系统。按固体颗粒的大小和浓度来分类，悬浮液分粗颗粒悬浮液、细颗粒悬浮液或高浓度悬浮液、低浓度悬浮液等。悬浮液的粒度和浓度对选择过滤设备有重要意义。

过滤过程可以在重力场、离心力场和表面压力的作用下进行。过滤操作分为两大类：一类为饼层过滤，其特点是固体颗粒呈饼层状沉积于过滤介质的上游一侧，适用于处理固相含量稍高的悬浮液；另一类为深床过滤，其特点是固体颗粒的沉积发生在较厚的粒状过滤介质床层内部，悬浮液中的颗粒直径小于床层孔道直径，当颗粒随流体在床层内的曲折孔道中穿过时，便黏附在过滤介质上。这种过滤适用于悬浮液中颗粒甚少而且含量甚微的场合。发酵果酒所处理的悬浮液浓度往往较高，一般为饼层过滤。过滤时，滤液的流动阻力为过滤介质阻力和滤饼阻力。在多数情况下，过滤的主要阻力为滤饼，而滤饼阻力的大小取决于滤饼的性质及其厚度。

一、板框压滤机

1. 基本结构与工作原理

板框压滤机由多块滤板和滤框交替排列而成。工作原理是前支架和后支架有两根立轴相连接的一个平行框架，在前后支架中间有可行移动的堵头。前支架与堵头中间形成两个间距可调的平行平面，这两个平面就可以借助丝杠压紧装在中间的过滤片组，过滤片的框架由纸板密封相隔形成了过滤腔室。液体由进口阀进入到过滤片内腔。板框压滤机结构见图6-5。板框压滤机的板和框多为正方形，如图6-6所示。板、框的角端均开有小孔，装合并压紧后即构成供滤浆或洗水流通的孔道。框的两侧覆以滤布，空框与滤布围成了容纳滤浆及滤饼的空间。滤板的作用是支撑滤布并提供滤液流出的通道。为此，板面上制成各种凹凸纹路。滤板又分成洗涤板和非洗涤板。为了辨别，常在板、框外侧铸有小钮或其他标志。所需框数由生产能力及滤浆浓度等因素决定。每台板框压滤机有一定的总框数，最多的可达60个，当所需框数不多时，可取一盲板插入，以切断滤浆流通的孔道，后面的板和框即失去作用。板框压滤机内液体流动路径见图6-7。

板框压滤机结构简单，制造方便，附属设备少，占地面积较小而

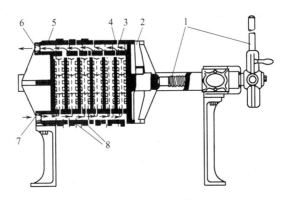

图 6-5　板框压滤机

1—压紧装置；2—可动头；3—滤框；4—滤板；
5—固定头；6—滤液出口；7—滤浆进口；8—滤布

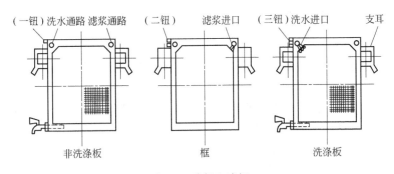

图 6-6　滤板和滤框

过滤面积较大，操作压力较高，达 784kPa，对物料适应性强，应用较广。但因为是间歇操作，故生产效率低，劳动强度大，滤布损耗也较快。

2. 操作步骤

用滤纸作为过滤介质时，需要将它们铺设到滤板上，滤板的交替排列方式使得偶数滤板成为分布滤板或输入滤板，而另一块滤板成为接收滤板或收集滤板。滤纸的铺设方式使得它蜡化带波纹的一面面向分布板（或输入酒液），而它的网格纹面朝向收集板。利用取样阀可

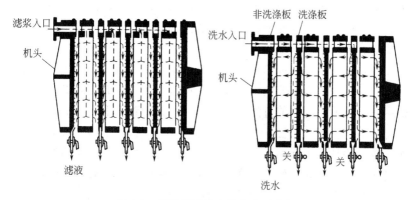

图 6-7 板框压滤机内液体流动路径

以排出液流中的空气，过滤操作可以连续进行到过滤压差达到预定值为止或过滤完成之后。

当使用硅藻土时，必须用硅藻土粉浆在每一块滤板的表面预涂一层薄薄的涂层。预涂的硅藻土会附着在覆盖于板上的滤纸或塑料网上，或附着在较细级别的滤板上。实际操作过程中，往往将少量的硅藻土粉浆混入到酒液中。一层硅藻土滤饼将形成在每一块板的表面，其中也含有被俘获的悬浮固体。过滤操作过程中，随着固体的积累和滤饼厚度的增加，过滤阻力也会增大，其过滤流速可能会下降，但具体下降的程度会因所用输送泵类型的不同而异。过滤操作在下述条件下需要终止：当滤框被滤饼充满时，当流速降低至不能接受的程度时，当入口压力上升到不能接受的程度时，过滤操作基本完成。

根据过滤纸板所用的材料不同，可分为石棉板、纸板和聚乙烯纤维纸板等；根据其过滤效果或过滤目的的不同，一般可分为澄清板和除菌板。其孔隙可达到 $0.2\mu m$ 的过滤级别。

纸板在运输、贮存、装入滤机时，均应小心。用力拉或弯曲将会损坏结构。存放时，应避免光照，一定要防潮，切勿损坏包装，防止污染，不能与无挥发的化学物质、油类或有异味的物品放在一起。具体操作步骤如下。

(1) 操作准备　过滤之前将全部滤片及阀门接头拆下后用 1% 的

热碱水浸泡后用软毛刷刷干净，再用清水漂洗干净，并检查密封圈是否完好，全部零部件安装就位，检查是否有被遗漏的橡胶圈、密封圈未被安装上。

（2）纸板安装　拆箱取板时一定要轻拿，以免纸板面相互摩擦，防止起皮，纸板为正反两面，反面朝向进酒腔，正面朝向出酒腔，将第一块纸板的反面与前过滤片正对放好，并做到上下左右平齐，将第一滤片平行移动与纸板平齐，即滤片之间夹纸板，上第二块纸板，光面与第一块纸板光面相对，光面与光面相对，反面与反面相对，形成了过滤腔。纸板安装好后检查是否正确，确信无误，旋转手轮，通过丝杠压紧所有纸板与密封橡胶垫圈，将压紧的纸板用软化水浸湿后进一步压紧。在加压紧固时，不得一面紧一面松，不然纸板有可能夹断或漏酒。如有滴漏现象，可检查纸板位置是否对正；未对正时需要调整；封圈是否老化，如老化需要更换；框架是否变形，需要校正或更换；厚度是否符合该机要求，需要调整厚度。

（3）过滤

① 关闭进出口阀门，打开排气阀。

② 接通进液阀。

③ 开启输液泵，缓缓打开进口阀门，使液体进入过滤机。

④ 当过滤腔内空气完全排出，液体从开放的阀门流出时，缓慢打开出液阀，并关闭排气阀。

⑤ 调整进出口阀门的开度，调整过滤量不得大于能力要求，使进出口的压力差达到正常要求。

⑥ 开始过滤之前，为除去过滤纸板里的纤维，循环 30min，从视镜中观察液体澄清透明时转入正式过滤。

⑦ 过滤过程中应尽量避免中间停止，一旦在必须停止的情况下，则应关闭出口阀，并使过滤机处在一定压力之下。

⑧ 在整个过滤过程中，要保持压力平稳，避免造成纸板破裂，影响过滤质量。

⑨ 过滤结束，关闭输液泵和所有的阀门，将过滤机中残留的酒液退出。

（4）清洗　将纸板拆掉，用清水将滤板及管路冲洗干净，擦拭干净备用。一般用过的过滤纸板不再使用，即使为了节约成本回收再用，也只能用于较初级的简单过滤，不能用于原来的使用工序中，以免造成质量隐患。

二、硅藻土过滤机

硅藻土过滤机是采用硅藻土作助滤剂的一种过滤设备。硅藻土过滤机能够将果酒中细小蛋白质类、胶体悬浮物滤除。并可根据过滤液的性质及杂质的含量正确选择不同粒度的硅藻土，以达到要求的过滤效果。因此硅藻土有很多不同类型，习惯上将其分为细土（$\leqslant 14.0 \mu m$）、中土（$14.0 \sim 36.2 \mu m$）、粗土（$\geqslant 36.2 \mu m$）。但对悬浮颗粒的俘获能力和对滤饼流通阻力影响最大的是硅藻土粉末的粒径分布，而不是粒径的大小，粒径的大小只能导致滤饼阻力和过滤流速的改变。硅藻土若选择不当，会达不到过滤效果并会赋予果酒淡薄无力的气味。硅藻土过滤机有很多优点，如性能稳定，适应性强，能用于很多液体的过滤，过滤效率高，可获得很高的滤速和理想的澄清度，甚至很混浊的液体也能过滤，设备简单、投资省、见效快，且有除菌效果。所以，硅藻土过滤机在饮料生产中得到了广泛的应用，它除了可以过滤糖液外，还可过滤啤酒、白酒、汽酒、醋等。

1. 基本结构与工作原理

硅藻土过滤机的结构形式有多种，但其工作原理相同，现就一种较常用的移动式过滤机加以说明，其结构见图 6-8 所示。该过滤机主要由壳体、滤盘、机座、压紧装置、排气阀、压力表等组成。机座包括前支座 9、后支座 2、拉紧螺杆 3 等。前、后支座被 4 根拉紧螺杆 3连成一个整体。在前后支座上，安装了 4 个胶轮，以便于机器移动，机座上安置有壳体 6、滤盘 8、压紧板 4 等，壳体分为多节以便于装配，节间用橡胶密封圈密封，并由各节上的导向套支撑在两根导向杆7 上。滤盘 8 是主要过滤部件，主要由波形板、滤网、压边圈、滤布所组成。波形板由不锈钢板通过模具在压力机上压制而成，其形状如图 6-9 所示。波形板为圆形，上面压制有许多呈同心圆分布的凸凹

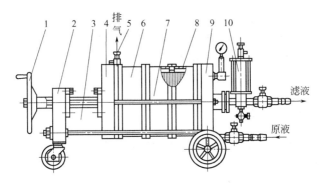

图 6-8   硅藻土过滤机

1—手轮；2—后支座；3—拉紧螺杆；4—压紧板；5—排气阀；
6—壳体；7—导向杆；8—滤盘；9—前支座；10—玻璃筒

图 6-9   波形板

槽，一则可以增加强度，二则凹槽也是液体的通道，将两块波形板对合在一起，两侧覆盖以较粗大的金属丝滤网用以支撑滤布。再用内凹的不锈钢压边圈将波形板滤网箍紧，焊接起来，使之成为一刚性体。滤网上面再覆盖滤布，用橡胶圈使之紧贴。滤盘的数量较多，可达几十个，由所需的生产能力而定。两滤盘之间用间隔密封圈间隔分开，再用卡箍和压紧件将其固定在壳体中心的空心轴上。空心轴的外圆周上有四条均布的长槽，槽中根据滤盘的数量在相应的位置钻有通孔。空心轴的一端连接着过滤机的出口。

　　该机工作时，原液（糖液）由进口进入过滤机，充满在壳体中，在压力的推动下，滤液穿过滤布、滤网进入波形板的内凹的槽中，随后进入空心轴的长槽中，通过槽中的孔进入空心轴，再由出口排出；而杂质便由滤布所截留，这样，原液便得到澄清。

2. 过滤机的选型

过滤机选型时，必须考虑的因素如下。

① 过滤的目的　过滤是为了取得滤液，还是滤饼，或者二者都要。

② 滤浆的性质　滤浆的性质是指过滤特性和物理性能，滤浆的过滤特性包括滤饼的生成速度、孔隙率、固体颗粒的沉降速度、固相浓度等。滤浆的物理性能包括黏度、蒸汽压、颗粒直径、溶解度、腐蚀性等。

③ 其他因素　主要包括生产规模、操作条件、设备费用、操作费用等，要做到正确的选型除考虑以上因素外，必要时还需做一些过滤实验。

3. 操作步骤

目前常用的硅藻土过滤机是利用一种滤网对过滤过程中的硅藻土提供支撑作用，形成滤层达到过滤目的。其主要由过滤罐、原料泵、循环计量罐、计量泵、流量计、视镜、粗滤器、残渣过滤器、清洗喷水管和一系列阀门组成，其操作一般分为四个步骤。

（1）预涂　预涂是硅藻土过滤的重要步骤，预涂的目的就是在叶滤网上形成一个硅藻土滤层，使酒从最初就达到理想的澄清度，并利于最终脱去失效的滤饼。简单地说，预涂过程就是通过循环计量罐和过滤罐之间的内部过滤循环，使加到循环计量罐内果酒中的一定量的硅藻土均匀地涂到过滤罐中的圆形金属网上，使滤酒达到工艺要求。为了能俘获更细微的颗粒，现在的倾向是按 1:（2～3）的比例添加纤维素类制品到硅藻土中，以形成质量更好的预涂层。

（2）过滤　预涂完成后，通过阀门的变换开始过滤，随着过滤过程的不断进行，需要定期向循环计量罐中补加一定量的硅藻土，因此，滤饼层会逐渐增厚，过滤阻力越来越大，通过过滤管路上的前后压力表可明显看出。当过滤前后压力差达到设备的最大许可值时，应当停止过滤。

（3）残液过滤　过滤停止后，过滤罐和循环计量罐内还残余一部分酒液，这部分酒液可通过残渣过滤器过滤完全。

（4）排渣清洗　残液过滤完毕后，打开过滤罐的底部排渣孔，启动过滤罐的电机，使过滤罐内的过滤片高速旋转，滤渣在离心作用下呈碎片状甩出。之后取出残渣过滤器的滤芯，清洗干净。开启清洗喷水系统进行冲洗，将过滤罐、循环计量罐及附属管路彻底冲洗干净。

三、膜过滤机

目前，在果酒行业中，膜过滤一般作为终端过滤应用最为广泛，而且已成为一个必不可少的操作单元。最常用的方法是采用深层澄清过滤和薄膜除菌过滤相结合。深层澄清过滤芯精度在 $1\sim20\mu m$，可去除大颗粒固体物、杂质和部分胶体，进一步滤除冷冻后经硅藻土过滤机内泄漏出的微小颗粒，为薄膜除菌过滤系统的预过滤；薄膜除菌过滤芯精度一般是 $0.2\sim0.45\mu m$，可捕捉住酵母和细菌，可完全保证果酒的生物稳定性。

1. 膜滤芯

滤芯有平板状、管状、毛细管状（空心纤维）等几种结构形式。膜滤芯是确保精密过滤达到理想过滤精度的核心部件，结构组成包括微孔滤膜、支撑层、壳体和密封圈。膜过滤的过滤介质是由纤维、静电强化树脂和其他高分子聚合物构成的带有正电荷的、且强度高的过滤膜，因具有很强的正电位效果，使其对杂质、硬性颗粒、残留细菌有着无可比拟的去除能力。其主要特点为过滤精度高，绝对精度最高达 $0.15\mu m$；过滤面积大，效率高，可有效降低成本；可多次反冲洗，重复灭菌；无菌材料制成，生产过程安全；安装使用方便快捷。按成膜材料的不同，大致可分为尼龙（N-6、N66）滤芯、聚丙烯（PP）滤芯、磺化聚醚砜（PES）滤芯、聚偏二氟乙烯（PVDF）滤芯、聚四氟乙烯（PTFE）滤芯等。在选择使用膜过滤时，应综合考虑生产实际的操作条件、处理能力和对过滤介质及过滤精度的详细要求，最终选择合适的滤芯。

2. 操作步骤

(1) 澄清膜的安装　取下滤筒夹束，垂直举起拿下滤筒，平放在干净平坦的地方，切勿损伤其口缘。然后将第一个滤芯穿过中心柱，叠放在底座上，第二个与第一个重叠放好，将上盘放在滤芯上，再将叠片和弹簧放在中心柱上，最后收紧锁母至弹簧完全被收紧后，检测是否有漏气，如有漏气，更换下端之"O"形密封环。膜上齐后，带上栓，观察弹簧压力是否正常，同时检查外壳胶垫是否完好，然后将外壳上好，澄清膜在清洗过程中，严禁反冲洗，以免损坏膜块。

(2) 薄膜除菌膜的安装　将每个薄膜除菌过滤芯放在底座上，上盘放在滤芯上，再放上叠片，将收紧锁母、弹簧与中心柱上好，并旋转牢固，收紧锁母，然后将外壳上好。

(3) 灭菌　灭菌之前先用 50～65℃热水润湿，反洗滤芯一定时间（以去除滤芯上的残质，延长滤芯的使用寿命），将水温升到 80～85℃进入灭菌阶段，开始计时，并保证一定的压力，30min 后用冷水冷却滤筒外表。灭菌结束，关闭热水进口，打开排水阀，将过滤机内热水排放干净。

(4) 过滤　打开泄流阀，慢慢打开进酒阀门，直到酒液从泄流阀排出，关泄流阀，慢慢打开出酒阀门，过滤开始，此时记下入口、出口压力。排气循环过滤一定时间后，酒液至清亮后，再开、关一下泄流阀，以确定排出所有空气。保证进、出口达到一定压差后，将过滤的酒液送至灌装机。此后，每小时记录 1 次进出口压力，当压力突然大幅度下降或流量已降到无法满足生产时，应更换滤芯。

(5) 灌装结束　将灌装机、过滤机中余留的酒液排出，用 25℃左右的水将过滤机清洗一遍，开始进行 55～60℃的热水清洗和灭菌操作。

若过滤后的酒体透明度不佳，微生物检验超标时应检查使用的滤芯是否正确；打开滤筒查看滤芯是否破损；检查出口管止回阀功能是否正常；滤筒内空气是否充分排空；灭菌后是否经充分冷却后才开始过滤；检查压力是否逐渐上升又突然降下；过滤流量是否超负荷。

第三节 杀菌设备

一、板式热交换器

对高温短时处理（HTST），板式换热器分为两部分，第一部分加热，第二部分冷却。果汁和果酒处理中蒸汽通常作为热媒介质而乙二醇用做冷媒。可以多加平板以增加表面积（提高设备的能力）。板式换热器的特点如下。

① 传热效率高　由于板与板之间空隙小，换热流体可获得较高的流速，且传热板上压有一定形状的凸凹沟纹，流体通过时形成急剧的湍流现象，因而获得较高的传热系数。

② 结构紧凑　设备占地面积小，与其他换热设置比较，相同的占地面积，它可以有大几倍的传热面积或充填系数。

③ 适宜于热敏性物料的灭菌　由于热流体以高速在薄层通过，实现高温或超高温瞬时灭菌，因而对热敏性物料如牛奶、果汁等食品的灭菌尤为理想，不会产生过热现象。

④ 有较大的适应性　只要改变传热板的片数或改变板间的排列和组合，则可满足多种不同工艺的要求和实现自动控制，故在乳品、饮料工业中广泛使用。

⑤ 操作安全、卫生、容易清洗　在完全密闭的条件下操作，能防止污染；结构上的特点又保证了两种流体不会相混；即使发生泄漏也只会外泄，易于发现；板式换热器直观性强，装拆简单，便于清洗。

⑥ 节约热能　新式的结构多采用将加热和冷却组合在一套换热器中。这样，只要把受热后的物料作为热源则可对刚进入的流体进行预热，一方面受热后的物料可以冷却，另一方面刚进入的物料被加热，一举两得，节约热能。

二、保温罐

由于发酵时产生大量热量，温度升高，因此对中等大小的发酵罐和贮酒罐保温最方便的形式是使用夹套冷却。由于在罐内表面流体静止不动，因此这些设备的传热系数很差。当罐体积增加时，夹套的有效性迅速降低，因为随着罐径的增加，单位体积的夹套面积反而降低。许多果酒厂由于传热系数低和传热效率下降，为了提供足够的冷却能力，需要使用温度很低的制冷剂。

如果直径增加 2 倍，则壁面积增加 4 倍，体积增加 8 倍，但单位体积的面积减半。11～20L 的小玻璃发酵容器单位体积的面积较大，由于热量容易散失到周围环境中，因此容易做到等温发酵。用 50% 容器壁带有夹层，体积为 110kL 生产规模的罐进行同样的发酵，为了将温度控制在 20℃，要求冷却剂温度为 5℃。

第四节　灌装、打塞设备

目前，我国的酒封装一般都采用机械设备去完成，有条件的厂家，购置了现代化的生产线，使其生产效率大大提高，并且有效地保证了产品质量。果酒封装设备包括灌装、压塞、热缩胶帽、贴标等设备。在此对生产线的主要设备作一般性介绍。

一、灌装设备

酒常用的灌装方法有常压灌装、等压灌装和虹吸灌装。按自动化程度又分为半自动灌酒机和全自动灌酒机。半自动灌酒机是最简单的灌酒设备。灌酒时，只需操作工将洗净的瓶子插入导酒管，酒则可灌进瓶中，靠导管伸入瓶内的长短来控制酒的装量。一般适用于小型工厂使用。全自动灌酒机的作用就是将果酒缓慢而稳定地装入酒瓶中，并保持酒的质量。按灌装方法分类如下。

1. 常压灌装

又称自重灌装或液面控制定量灌装。在常压下，液体依靠自重从贮液箱或计量筒中流入容器的一种灌装方法。常压灌装的特点是设备结构简单，操作方便，易于保养，灌装的液面高度一致，显得整齐好看，该法广泛应用于不含气体的液料的灌装。

2. 等压灌装

又称压力重力灌装，它是在高于大气压力的条件下进行灌装，即先对空瓶进行充气，使瓶内压力与贮液箱（或计量筒）内的压力相等，故简称充气等压，然后靠液料自重进行灌装。瓶装起泡果酒或其他带气果酒是在瓶内具有反压条件下将酒装入瓶内的，以避免 CO_2 气体的损失，装酒之前先令瓶内充气受压，压力大小与果酒在贮酒槽内所受压力相等。当酒装入瓶内时，瓶内气体随之逸出，返回贮酒槽或另设的回气室内。灌酒机一般多采用回转式自动灌装操作，分为瓶子传动和灌酒两个组成部分。酒瓶由输送带送入，经星轮进入灌酒机体，沿升降轨道送到灌酒阀处，与灌酒阀接触而进行灌装。灌酒机的主要部件是灌酒阀，其中包括：关闭器、控制凸轮、预排气管、进风管、导酒管、回风管。灌酒机主要部件的形式、结构和作用原理简述如下。

(1) 贮酒槽　灌酒机的贮酒槽，其基本形式可分为中心式贮酒槽（图 6-10）和环式贮酒槽两种。采用中心式贮酒槽一般用一回转接头将输酒导管与贮酒槽底部中心连接。采用环式贮酒槽，输酒导管一般连接于一支管的回转接头上，再用等距分配的管路将酒送至环式贮酒槽中，由环式贮酒槽向灌酒阀引酒不需再用导管，因为灌酒阀是直接装置在环式贮酒槽的底部或旁边。中心式贮酒槽内有一浮漂，控制液位。浮漂多为伞状。采取这种形式，浮漂与酒液接触面大，从而减少了酒液与上部气体的接触，有利于防止酒的氧化。这种形式的浮漂对以压缩空气为背压的灌酒机来说尤为重要。单室灌酒机只有一个环形贮酒槽，作为完成灌装时进风、灌酒和回风的共用工具，贮酒槽内的酒不满，酒液上部是背压气体，背压气体最好采用 CO_2，一般也采用压缩空气。贮酒槽的液位和压力在灌装时必须保持稳定才能保持良好的灌酒效果。此压力一般用气压调节阀进行控制，而液位可用浮漂、电导探测或压差管进行控制。

① 浮漂法　当酒液升降而引起浮漂升降时，使一气门打开或关闭，CO_2 或压缩空气流经此气门，从而增减贮酒槽中的压力，此变化着的压力控制着酒流量控制阀或输酒泵的开关，以调节槽内液位。

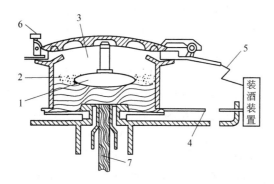

图 6-10 中心式贮酒槽的灌酒机结构示意图

1—浮漂；2—泡沫；3—贮酒槽；4—引酒至灌酒阀的导管；
5—背压与返回空气的通路；6—开槽螺丝；7—酒入口

② 电导探测法 当酒的液位变化时，发生或停止电的信号，此信号驱动一电磁铁螺丝管，使其控制 CO_2 或压缩空气流入贮酒槽，并引起压力变化。此压力变化为一换能器所辨别，从而调节酒流量控制阀或输酒泵，以保持酒的流量和液位。

③ 双插管法 用一长管和一短管插入贮酒槽内，短管末端置于贮酒槽空间，另一管末端置于贮酒槽近底部处。通过插管压入少量 CO_2 气体，两管的压差可以测量，从而产生信号，用以控制酒流量控制阀或输酒泵的开关。

（2）导酒管与灌酒方式 不同的灌酒机采用不同形式的导酒管，从而产生不同的灌酒方式。

① 移位式灌酒 这种灌酒方式系采用长的导酒管，其导管末端距瓶底约 2cm，所谓移位式灌酒，即酒装满瓶后，酒瓶下落，当导酒管从瓶中抽出后，瓶颈即出现一定空隙。此空隙随酒管伸入瓶内的体积而定。

② 定位式灌酒 有两种方式，一是用长导酒管，酒管上有两条通路。酒液经过导酒管大的通道，从导酒管底部流出。当酒液液位逐渐上升时，液面从上部长导酒管侧面的边孔的小通道流出，当酒液液位到达小通道口时，通道口被酒液堵死，瓶内气体无法由此排出，酒

也停止流进。导酒管内酒液流入瓶中，使瓶内液面稍微上升。二是短管定位式灌酒装置，灌酒阀上只有一短的回风管，灌酒时酒阀打开，酒液沿回风管外流至分散罩，散开，再沿瓶子内部表面顺流而下，瓶中气体则从此小直径的回风短管排出，此短管下部开口位置正是酒液停止装入时的液位。这种灌酒方式在灌酒前瓶内应预先抽真空，再以CO_2为背压，以免酒液沿瓶内壁顺流而下时与大量空气接触，影响酒的质量。

3. 虹吸灌装法

虹吸灌装法是一种古老和传统的灌装方法。先用泵或者高位料箱向贮液箱供料，并保持一定的液面高度，灌装头经虹吸管与液体阀相连。工作前，先将虹吸管内充满液体，当虹吸管处于非灌装位置时，液体阀关闭以防里面的液体流出。当灌装头由曲线板控制下降，处于灌装位置时，灌装头压紧瓶口，液体阀被打开，于是液料由贮液箱经虹吸管流入瓶内。当瓶内液面与贮液箱液面等高时，停止灌装，而后灌装头上升，关闭液体阀，完成一次灌装。该灌装方法具有结构简单，操作方便，但灌装速度较慢的特点。

二、打塞、贴标设备

① 打塞机　打塞机是果酒软木塞封口的专用设备。根据生产能力的大小，可选用单头打塞机或多头打塞机。

② 贴标机　贴标机用来粘贴商标。高效贴标机可贴身标、颈标、背标以及圆锡箔套等。贴标机以取标方式分，有真空吸标和机械取标两种。

③ 装箱、封箱设备　瓶酒装箱是一项很繁重的工作，一般小型企业可采用人工装箱，品种单一、产量较大的大企业可采用机械装箱。

参 考 文 献

[1] 曾洁，李颖畅. 果酒生产技术. 北京：中国轻工业出版社，2010.

[2] 傅祖康，杨国军. 黄酒生产200问. 北京：化学工业出版社，2010.

[3] 顾国贤. 酿造酒工艺学. 第2版. 北京：中国轻工业出版社，1999.

[4] 大连轻工业学院等. 酿造酒工艺学. 北京：中国轻工业出版社，1994.

[5] 谢邦祥，刘波. 特色果酒实用加工技术. 成都：四川科学技术出版社，2009.

[6] 李鹏飞编著. 实用果酒酿造技术. 北京：中国社会出版社，2008.

[7] 杜金华，金玉红. 果酒生产技术. 北京：化学工业出版社，2010.

[8] 曾洁，高海燕，宋茹. HACCP在树莓酒酿造工艺中的应用. 酿酒，2004，31（4）：83-84.

[9] 曾洁等. 热浸提法酿造树莓酒的初步研究. 食品科学，2004，（1）：100-102.

[10] 高海燕，张军合，曾洁等. 食品加工机械与设备. 北京：化学工业出版社，2008.

[11] 张惟广. 发酵食品工艺学. 北京：中国轻工业出版社，2004.

[12] 孙俊良. 发酵工艺. 北京：中国农业出版社，2008.

[13] 金凤燮. 酿酒工艺与设备选用手册. 北京：化学工业出版社，2003.

[14] 杨天英，逯家富. 果酒生产技术. 北京：科学出版社，2004.

[15] 王颉. 我国果汁和果酒加工业发展现状及发展趋势. 中国食物与营养，2003，（5）：32-34.

[16] 朱宝镛主编. 葡萄酒工业手册. 北京：中国轻工业出版社，1995.

[17] 顾国贤. 酿造酒工艺学. 北京：中国轻工业出版社，1996.

[18] 刘延吉，吴铭，张蕾. 南果梨酒发酵工艺研究. 酿酒科技，2007，（11）：79-80.

[19] 李俊侃，王天陆. 菠萝蜜果酒的研制. 中国酿造，2008，（12）：94-96.

[20] 周雪松，律丹，胡世辉. 沙果果酒生产发酵工艺及研究. 农村新技术，2008，（14）：62-63.

[21] 刘万山等. 黑加仑果酒的研制. 食品工业科技，2004，（10）：79-80.

[22] 宋永民，刘代成. 刺梨果酒制作工艺的优化研究. 山东农业科学，2008，（3）：109-112.

[23] 冯紫慧，赵超等. 2种发酵鸭梨酒的研制. 中国酿造，2008，（9）：131-132.

[24] 王文平，周文美. 木瓜果酒加工工艺的研究. 酿酒科技，2005，（7）：100-103.

[25] 吕闻明. 发酵型五味子果酒的研制. 吉林农业科技学院学报，2007，（6）：5-6.

[26] 王新广，罗先群，陈娜. 火龙果酒酿造工艺技术. 资源开发与市场，2005，（6）：493-495.

[27] 潘永波，杨劲松等. 椰子酒的酿造技术. 中国酿造，2008，（12）：109-110.

本社食品类相关书籍

书号	书名	定价
15228	肉类小食品生产	29元
15227	谷物小食品生产	29元
15122	烹饪化学	59元
14642	白酒生产实用技术	49元
14185	花色挂面生产技术	29元
12731	餐饮业食品安全控制	39元
12285	焙烤食品工艺(第二版)	48元
11285	烧烤食品生产工艺与配方	28元
11040	复合调味技术及配方	58元
10711	面包生产大全	58元
10579	煎炸食品生产工艺与配方	28元
10488	牛肉食品加工	28元
10089	五谷杂粮食品加工	29元
10041	豆类食品加工	28元
09723	酱腌菜生产技术	38元
09518	泡菜制作规范与技巧	28元
09390	食品添加剂安全使用指南	88元
09389	营养早点生产与配方	35元
09317	蒸煮食品生产工艺与配方	49元
08214	中式快餐制作	28元
07386	粮油加工厂开办指南	49元
07387	酱油生产技术	28元
06871	果酒生产技术	45元
05403	禽产品加工利用	29元
05200	酱类制品生产技术	32元
05128	西式调味品生产	30元

书号	书名	定价
04497	粮油食品检验	45元
04109	鲜味剂生产技术	29元
03985	调味技术概论	35元
03904	实用蜂产品加工技术	22元
03344	烹饪调味应用手册	38元
03153	米制方便食品	28元
03345	西式糕点生产技术与配方精选	28元
03024	腌腊制品生产	28元
02958	玉米深加工	23元
02444	复合调味料生产	35元
02465	酱卤肉制品加工	25元
02397	香辛料生产技术	28元
02244	营养配餐师培训教程	28元
02156	食醋生产技术	30元
02090	食品馅料生产技术与配方	22元
02083	面包生产工艺与配方	22元
01783	焙烤食品新产品开发宝典	20元
01699	糕点生产工艺与配方	28元
01654	食品风味化学	35元
01416	饼干生产工艺与配方	25元
01315	面制方便食品	28元
01070	肉制品配方原理与技术	20元
15930	食品超声技术	49元
15932	海藻食品加工技术	36元
14864	粮食生物化学	48元
14556	食品添加剂使用标准应用手册	45元
14626	酒精工业分析	48元

书号	书名	定价
13825	营养型低度发酵酒300例	45元
13872	馒头生产技术	19元
13773	蔬菜功效分析	48元
13872	腌菜加工技术	26元
13824	酱菜加工技术	28元
13645	葡萄酒生产技术（第二版）	49元
13619	泡菜加工技术	28元
13618	豆腐制品加工技术	29元
13540	全麦食品加工技术	28元
13284	素食包点加工技术	26元
13327	红枣食品加工技术	28元
12056	天然食用调味品加工与应用	36元
10597	粉丝生产新技术（第二版）	19元
10594	传统豆制品加工技术	28元
10327	蒸制面食生产技术（第二版）	25元
07645	啤酒生产技术（第二版）	48元
07468	酱油食醋生产新技术	28元
07834	天然食品配料生产及应用	49元
06911	啤酒生产有害微生物检验与控制	35元
06237	生鲜食品贮藏保鲜包装技术	45元
05365	果品质量安全分析技术	49元
05008	食品原材料质量控制与管理	32元
04786	食品安全导论	36元
04350	鲜切果蔬科学与技术	49元
01721	白酒厂建厂指南	28元
02019	功能性高倍甜味剂	32元
01625	乳品分析与检验	28元
01317	感官评定实践	49元
01093	配制酒生产技术	35元